U0723180

学生最感兴趣的科普书

世界兵器大百科

SHI JIE BING QI DA BAI KE

徐井才◎主编

北京出版集团公司

北京教育出版社

图书在版编目（CIP）数据

世界兵器大百科/徐井才主编. —北京:北京教育出版社,2012.7
（学生最感兴趣的科普书）
ISBN 978－7－5522－0757－6

Ⅰ.①世…　Ⅱ.①徐…　Ⅲ.①武器－世界－少儿读物　Ⅳ.①E92－49

中国版本图书馆 CIP 数据核字(2012)第 150715 号

世界兵器大百科

徐井才　主编

*

北京出版集团公司
北京教育出版社　出版
（北京北三环中路 6 号）

邮政编码:100120

网址:www.bph.com.cn

北京出版集团公司总发行

全国各地书店经销

永清县晔盛亚胶印有限公司印刷

*

710×1000　16 开本　14 印张　144000 字
2012 年 7 月第 1 版　2012 年 7 月第 1 次印刷

ISBN 978－7－5522－0757－6
定价:29.80 元

质量监督电话:(010)51222113　58572750　58572393

目　录

世界兵器大百科

第一章　枪械一族

10分钟了解枪械发展史

管形火器：从冷兵器到热兵器的"开路先锋" ·············· 2

从火门到火绳：近代枪械的先祖 ·············· 2

独领风骚数百年的击发枪械 ·············· 3

琳琅满目的现代自动枪械 ·············· 3

世界枪械之最

最早的步枪 ·············· 5

最早的自动枪 ·············· 5

最早发射无壳弹的步枪 ·············· 5

最早的左轮手枪 ·············· 6

最早的两用机枪 ·············· 6

和枪械面对面

美国"柯尔特"M1911式手枪 ·············· 7

美军M9式手枪 ·············· 8

QSZ92式9毫米手枪 ·············· 8

马卡洛夫手枪 ·············· 9

格洛克18式9毫米手枪 ·············· 9

HK-P7系列手枪 ·············· 10

HK53短卡宾枪 ·············· 12

AK自动步枪 ·············· 12

美国M16步枪 ·············· 13

美国AR-10式突击步枪 ·············· 14

"魔方步枪" AUG ·············· 15

德国HK公司G3A3自动步枪 ·············· 15

德国G36K ·············· 16

HK33 ·············· 16

比利时FNFAL突击步枪 ·············· 17

英国L85A1突击步枪 ·············· 18

意大利伯莱塔M12S冲锋枪 ·············· 19

HK45口径通用冲锋枪(UMP45) ·············· 19

柯尔特冲锋枪 ·············· 21

KRISS XSMG冲锋枪 ·············· 21

巴雷特M82A1狙击步枪 ·············· 21

德国SSG3000狙击步枪 ·············· 23

火力凶猛的重机枪 ·············· 24

快捷便当的轻机枪 ·············· 24

灵活机动的通用机枪 ·············· 25

M2式勃朗宁大口径重机枪 ·············· 26

M240B和M240G机枪 ·············· 27

对空射击的高射机枪 ·············· 27

GP-25榴弹发射器 ·············· 28

MK19式自动榴弹发射器 ·············· 29

德国AG36 40毫米榴弹枪 ·············· 30

雷明顿M870式霰弹枪 ·············· 30

贝内里M1/M3式霰弹枪系列 ·············· 31

M3超级90霰弹枪 ·············· 31

Vepr-12霰弹枪 ·············· 32

第二章 雷弹展览

10分钟了解雷弹发展史

黑火药促使枪弹问世·······································34

长形弹丸横空出世··34

无烟火药在雷弹上的应用·····························35

庞大的雷弹家族···36

世界雷弹之最

口径最大和最小的子弹·································37

最早的水雷··37

最早的地雷··37

最早的手榴弹···38

最早的原子弹···38

最早的温压炸弹··38

和雷弹面对面

子 弹···39

子弹的颜色··39

手榴弹···41

反坦克手榴弹···41

子孙满堂的榴弹··41

达姆弹···42

破甲弹和碎甲弹··43

子母型炮弹··44

火箭弹···44

航空火箭弹··45

末制导炮弹··46

"神剑"制导炮弹···47

温压炸弹···48

无壳弹···48

集束炸弹·······································49

美国GBU-28"宝石路"Ⅲ激光制导炸弹·······50

末敏弹·· 51

"炸弹之王"——BLU-82炸弹 ················52

炸弹之母——巨型钻地弹 ·····················52

贫铀弹··53

反步兵地雷·····································53

反坦克地雷·····································54

水 雷·······································55

鱼 雷···56

威力巨大的原子弹·······························56

比原子弹威力还大的氢弹·······················58

第三章　　火炮集群

10分钟了解火炮

最古老的火炮——火铳·························60

火炮在欧洲的发展·······························60

威力强大的现代火炮·························· 61

世界火炮之最

最大的火炮·····································63

最重的火炮·····································63

口径最大的火炮·································63

最早的坦克炮···································64

身管最长的自行榴弹炮···························64

最早使用的炮火支援····························64

和火炮面对面

翻山越岭的迫击炮 ································· 65

卡尔600毫米自行迫击炮 ················· 66

M-224式迫击炮 ································· 67

用作火力支援的加农炮 ················· 67

用作火力支援的榴弹炮 ················· 68

德PzH2000自行榴弹炮 ················· 69

英国AS90自行榴弹炮 ················· 70

美国M52全履带105毫米自行榴弹炮 ················· 70

"帕拉丁"自行榴弹炮 ················· 71

迅速猛烈的火箭炮 ················· 72

俄罗斯"旋风"300毫米火箭炮 ················· 73

自由运动的自行火炮 ················· 74

守护天空的高射炮 ················· 75

反坦克炮 ················· 77

俄罗斯通古斯卡弹炮合——近程防空系统 ················· 78

坦克炮 ················· 79

航空机关炮 ················· 80

加特林型M61式"火神" ················· 81

GAU-8A航炮 ················· 82

第四章　坦克家族

10分钟了解坦克

"陆战之王"——坦克 ················· 86

坦克一开始叫"水柜" ················· 87

在二战炮火中飞速发展的坦克 ················· 88

主战坦克成为新时代的宠儿 ················· 88

世界坦克之最

世界上第一辆坦克——"小游民" ·············· 90

世界上最先参战的坦克 ·············· 90

世界上产量最多、参战地域最广的坦克 ·············· 91

世界上最轻、最小、速度最快的坦克 ·············· 91

世界上最昂贵的坦克 ·············· 91

世界上最早建立坦克部队的国家 ·············· 92

世界上投入坦克最多的战役 ·············· 92

和坦克面对面

坦克大家族 ·············· 93

德国"豹"Ⅱ主战坦克 ·············· 94

M1A1"艾布拉姆斯"主战坦克 ·············· 94

"公羊"主战坦克 ·············· 99

"象"式坦克 ·············· 99

"哈利德"主战坦克 ·············· 100

铁骑勇士——轻型坦克 ·············· 101

装甲车 ·············· 101

步兵战车 ·············· 102

LAV-25 ·············· 103

M2"布雷德利"步兵战车 ·············· 104

"黄鼠狼"步兵战车 ·············· 105

意大利VCC-80标枪步兵战车 ·············· 105

BTR-90步兵战车 ·············· 106

美、英"数字化侦察战车" ·············· 107

"鼬(yòu)鼠"空降侦察车 ·············· 107

"非洲小狐"装甲侦察车 ·············· 107

英国费列特轮式侦察车 ·············· 108

美国M3履带式侦察车 ·············· 109

法国潘哈德VBL轮式侦察车 ·············· 109

"狐"式装甲输送车·····································110

"皮兰哈"2型装甲车·································110

M113装甲输送车······································111

法国VBCI轮式装甲车·······························111

奥地利"潘德"装甲车·······························112

AAV7两栖突击车····································112

美国AAAV先进两栖突击车·······················113

美国EFV两栖远征战车······························113

第五章　导弹基地

10分钟了解导弹

火箭和导弹···116

V-1导弹和V-2导弹的首次亮相···················117

二战后导弹飞速发展································117

导弹对现代战争的巨大影响·······················118

世界导弹之最

射程最远的导弹·······································119

命中精度最高的导弹································119

最先采用垂直发射的近程导弹····················119

最先从水下发射的导弹·····························120

最先大规模使用导弹的战争·······················120

和导弹面对面

导弹共分多少类·······································121

"标枪"反坦克导弹·································123

"米兰"反坦克导弹·································123

"不死鸟"··124

美国AIM-120阿姆拉姆空空导弹·················125

英国"阿斯拉姆"AIM-132先进近距空空导弹 ·················· 126

美国海尔法空地导弹 ······································ 126

AGM-65"小牛"空对地导弹 ································ 127

地地战术导弹 ·· 128

战略导弹 ·· 129

洲际弹道导弹 ·· 129

民兵导弹 ·· 130

"白杨－M"导弹 ·· 131

巡航导弹 ·· 132

"战斧"式巡航导弹 ······································· 132

"布拉莫斯"超音速巡航导弹 ······························ 133

俄制SS-N-22"白蛉"超音速反舰导弹 ····················· 133

美国标准舰空导弹 ·· 135

地空导弹 ·· 136

"萨姆"系列防空导弹 ····································· 136

"爱国者"地空导弹 ······································· 137

"卡什坦"弹炮合一防空系统 ······························ 138

德联合研制的"拉姆"舰载防空系统 ························ 138

瑞典RBS70防空导弹系统 ·································· 139

第六章　舰船编队

10分钟了解军舰

在桨帆船基础上发展起来的早期军舰——战船 ················ 142

蒸汽船时代军舰的发展 ···································· 142

航母——新时代的海上宠儿 ································ 143

世界军舰之最

最早的军舰 ·· 144

最古老的专用战舰 ·· 144

最早的装甲舰···144

最早的航空母舰··145

最大的军舰··145

和军舰面对面

军舰的类别、种别和级别······································146

潜艇的分类··147

潜艇的主要特点··148

弹道导弹潜艇··149

攻击型潜艇··149

"鲨鱼"级(Akula)核动力攻击潜艇·····························150

特拉法尔加级攻击型核潜艇····································150

美国"海狼"级潜艇···151

现代常规潜艇··152

现代导弹护卫舰··153

美国"奥利弗–佩里"级导弹护卫舰······························153

德国海军新型F219"萨克森"号导弹护卫舰·····················154

"维斯比"护卫舰···154

德国海军123型"勃兰登堡"级护卫舰·························155

巡洋舰··156

"阿利·伯克"级"宙斯盾"导弹驱逐舰·························157

"地平线"级驱逐舰···158

斯普鲁恩斯级驱逐舰··159

英国45型勇敢级防空驱逐舰····································159

韩国"独岛号"两栖攻击舰·····································160

美国"圣安东尼奥"级两栖船坞运输舰·························161

美国HSV高速运输舰··161

"基洛"级攻击型潜艇···162

鱼雷艇··163

导弹艇··163

导弹快艇 ···································· 164

护卫艇 ······································ 165

猎潜艇 ······································ 165

扫雷舰艇 ···································· 166

猎雷舰艇 ···································· 166

破雷舰 ······································ 167

登陆艇 ······································ 167

气垫船 ······································ 168

航母是如何编号的 ························ 168

　"小鹰"号航母 ·························· 169

　"尼米兹"号航母 ······················ 170

　"星座"号航空母舰 ···················· 170

俄罗斯"库兹涅佐夫元帅"号航空母舰 ···· 171

　"艾森豪威尔"号航空母舰 ·············· 171

第七章　空中战鹰

10分钟了解军用飞机

战鹰破壳而出 ······························ 174

战鹰锋芒初露 ······························ 174

战鹰空前大发展 ···························· 175

新时期高技术军用飞机再掀狂澜 ·········· 176

世界战机之最

最早的攻击机 ······························ 177

最早的武装直升机 ························ 177

最早的轰炸机 ······························ 177

最早的火箭动力战斗机 ··················· 178

和战机面对面

F-35战斗机 …………………………………… 179

苏联雅克-141自由式战斗机 …………… 179

F-15"鹰"战斗机 ……………………… 180

F-16"战隼"战斗机 …………………… 180

F-22"猛禽"战斗机 …………………… 181

苏-27战斗机 ……………………………… 181

苏-35战斗机 ……………………………… 182

米格-29战斗机 …………………………… 182

米格-31"捕狐犬"战斗机 ……………… 182

苏-37战斗机 ……………………………… 183

苏-47超级"金雕"战斗机 ……………… 183

印度LCA战斗机 ………………………… 184

法兰西雄鹰——幻影-2000战斗机 ……… 185

EF-2000欧洲战斗机 …………………… 185

幻影-4000战斗机 ………………………… 186

截击机 ……………………………………… 186

"阵风"战斗机 …………………………… 187

F-14舰载战斗机 ………………………… 187

美国F/A-18"大黄蜂"战斗攻击机 …… 188

A-10"雷电Ⅱ"攻击机 ………………… 188

俄罗斯苏-24重型战斗轰炸机 ………… 189

苏-22战斗轰炸机 ………………………… 189

"狂风"战斗轰炸机 ……………………… 190

B-52H"同温层堡垒"战略轰炸机 …… 191

美国B-1B变后掠翼超音速战略轰炸机 … 191

F-117A战斗轰炸机 ……………………… 192

B-2A"隐形斗士"隐形轰炸机 ………… 193

FB-111中程轰炸机 ……………………… 194

图-22M轰炸机 …………………………… 195

"北极熊"战略轰炸机 …………………… 195

"海盗旗"战略轰炸机 ················· 196

"环球霸王Ⅲ" C-17战略运输机 ········· 197

"运输星" C-141运输机 ·············· 197

"银河" C-5A/B运输机 ·············· 198

美国C-27J "斯巴达人"运输机 ········· 199

"耿直"伊尔-76运输机 ·············· 199

"秃鹰"安-124运输机 ·············· 200

安-225重型运输机 ················· 200

E-8A "联合星"预警指挥机 ··········· 201

美国E-2C "鹰眼"预警飞机 ··········· 201

美国E-3A "望楼"预警机 ············ 202

KC-135A "同温层油船"空中加油机 ····· 202

KC-10 "补充者"空中加油机 ·········· 203

EA-6B "徘徊者"电子战飞机 ·········· 204

大西洋巡游者反潜巡逻机 ············· 204

英国猎迷反潜巡逻机 ················ 205

美国P-3C "猎户座"反潜机 ··········· 205

U-2高空侦察机 ··················· 206

SR-71 "黑鸟"高空侦察机 ··········· 206

"侦察兵"无人驾驶侦察机 ············ 207

RQ-4A "全球鹰"无人机 ············· 207

RQ-1A "捕食者"无人机 ············· 208

米-28 "浩劫"直升机 ·············· 208

美国AH-64 "阿帕奇"攻击直升机 ······· 209

UH-60 "黑鹰"直升机 ·············· 209

第一章 枪械一族

DIYIZHANG QIANG XIE YI ZU

无论是过去还是现在，枪始终是士兵手中最基本的战斗武器。沿着它们产生、发展、演化的足迹，人们可以清晰地看到人类战争一幕幕悲壮的发展历史。今天，现代化枪械的功能更丰富。

10分钟

了解枪械发展史

🔍 管形火器：从冷兵器到热兵器的"开路先锋"

枪的诞生离不开火药的发明。

火药是中国古代四大发明之一，公元10世纪已被广泛应用于军事。大约在公元905年，中国最早的原始枪——"火枪"出现了。最初的火枪用长竹作枪管，内装火药，点放后喷出火焰伤人。严格地说，这时的火枪还不能称之为枪，因为它没有弹丸，所以，人们常将它称为射击火器。射击火器是枪的鼻祖，为枪的发展打下了基础。

南宋时，德安（今湖北安陆）知府陈规研制出管形火器。在此基础上，寿春府（今安徽省寿县）又制造出"突火枪"，这是一种比较接近现代枪的管形火器，既有枪筒，又有"子案"（即子弹）。不过，这时的"枪筒"由竹或木制成，点燃后易开裂，威力不大。

中国最早的原始枪

13世纪末，中国又发明了称为火铳的金属管形射击火器，能在较远距离杀伤敌人。

后来，我国发明的火药、火器首先传入中东，接着又传到了欧洲。自此，欧洲人开始纷纷学习制造火药和火器，并获得突破性的进展。

管形火器作为从冷兵器到热兵器的"开路先锋"，极大地影响和改变了战争的形式，使战争变得更加激烈和残酷。

📦 从火门到火绳：近代枪械的先祖

最早的枪是火门枪，我国早期的小型火铳等都属火门枪。火门枪结构简单，发射时一般需要两名发射手，分别负责瞄准和点火。发射时，将黑色火药从枪的膛口装入，然后再装入诸如石弹、铁弹、铜弹或铅弹一类的弹丸，接着用烧得红热的金属丝或木炭点燃火门里的火药，从而将弹丸射出。

两个人使用一杆火门枪，显得很不方便，特别是骑兵，根本无法两人操作。为了使枪能够单人方便地使用，火绳枪应运而生。

火绳枪

火绳枪有一金属弯钩，弯钩的一端固定在枪上，并可绕轴旋转，另一端夹持一燃烧的火绳，士兵发射时，用手将金属弯钩往火门里推压，使火绳点燃黑火药，进而将枪膛内装的弹丸发射出去。据史料记载，训练有素的射手每三分钟可发射两发子弹。

从火门枪到火绳枪，是枪械发展史上点火技术的一次重大突破，直至今天，火绳枪的原理仍获得广泛的应用。

独领风骚数百年的击发枪械

1807年，英国牧师福塞斯发明了使用雷汞击发药的击发点火装置，以后又有人发明了火帽。把火帽套在带火门的集砧上，打击火帽即可引燃膛内的火药，这就是击发机。具有这种击发机的枪叫作击发枪。

1808年，法国机械工包利应用纸火帽，并使用了针尖发火。1821年，伯明翰的理查斯发明了一种使用纸火帽的"引爆弹"。后来，有人在长纸条或亚麻布上压装"爆弹"自动供弹，由击锤击发。这样一来，击发枪就更完善了。

1840年，德国人德莱赛发明了针刺击发枪，又称德莱赛针刺击发枪。这种击发枪是将弹药从枪管后端装入，并用针击发。它首先被普鲁士军队广泛使用，在普鲁士的三次王国统一战争中，大放异彩，令丹奥法三国骑兵闻枪色变。

击发枪

击发枪显著提高了枪械的射击可靠性，并有较好的防水性能，它的出现标志着枪的发展进入了一个新的阶段。

琳琅满目的现代自动枪械

枪是人们最熟悉的一种武器，也是引起青少年最大兴趣的一种武器，电影和电视里也经常会出现激动人心、扣人心弦的枪战场面。但是枪是怎

么分类的、各有什么特点，人们却不一
定了解。

　　枪的主要分类方法有如下几种。按
使用对象可分为：军用枪、警用枪、运动用枪和
民用枪等；按作战用途可分为：手枪、步枪、冲
锋枪、机枪、特种枪等；按枪械结构和动作方式可分为：半
自动枪、全自动枪、转膛枪、气动枪等。

捷克CZ83手枪

　　此外，按口径大小分可分为大、中、小；按重量可分为：
重型、轻型、微型。

　　在名称叫法上又可同时反映以上分类方法的几个特点，如重型机枪、
微型冲锋枪、小口径运动步枪等。

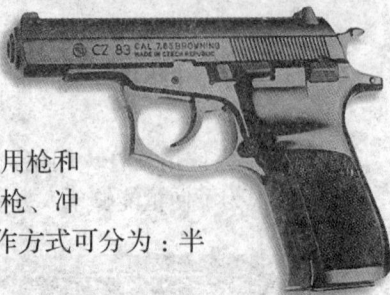

世界
枪械之最

最早的步枪

　　1828 年，法国军官德尔文在原有枪支基础上，设计了一种枪管尾部带药室的步枪。它采用长形弹丸，从枪管前面装入火药，膛线是旋转型的。弹丸装入枪管后，利用探条冲打使弹丸变形嵌入旋转膛线。这种"德尔文步枪"提高了命中率，增大

步枪

了射程，是真正意义上的第一支现代步枪，因而受到了人们的重视，德尔文也因此被称为"现代步枪之父"。

最早的自动枪

　　真正意义上的最早的自动枪，人们一致公认是美国工程师马克沁发明的。马克沁的设计，是利用火药发火时，气体使枪管后座的能量完成开锁、退壳、送弹、重新闭锁等一系列动作。他于1883年设计了第一支自动枪，使步枪的理论射速达到每分钟600发。根据马克沁自动枪的原理，自动手枪、冲锋枪、轻机枪等相继问世。枪的家族，从此进入了一个崭新的阶段。

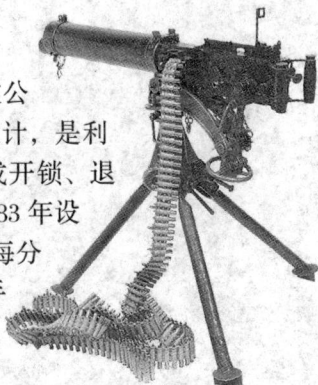

马克沁自动枪

最早发射无壳弹的步枪

　　德国研制的 G11 步枪是世界上最早发射无壳弹的步枪，这种步枪与目前各国装备的步枪相比，在结构上和性能上均独具特色，堪称步枪的根

本性变革。G11步枪具有尺寸小、重量轻、系统密封、操作安全等特点；三发点射命中率高；使用简便，训练简单，符合现代步枪的基本要求，从而引起不少国家的兴趣。

G11步枪

最早的左轮手枪

1835年，美国人柯尔特发明了第一支有实用价值的左轮手枪，并取得了专利权。因此，美国人认为柯尔特是左轮手枪的真正发明者，并推崇

左轮手枪

他是"左轮手枪之父"。

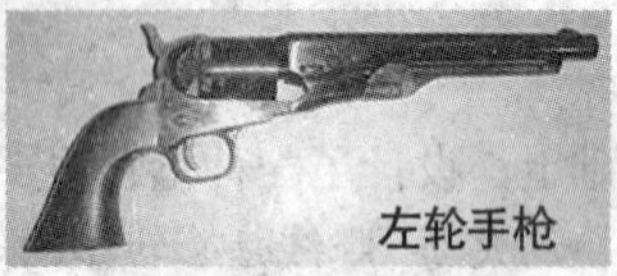

1835年以后，柯尔特又陆续研制了多种不同型号的左轮手枪，但作为武器正式装备部队的是M1860型。

最早的两用机枪

两用机枪就是具有两种战术用途的机枪，通过更换脚架可改变射程的远近，从而实现重机枪与轻机枪这两种用途。世界上第一挺两用机枪就是MG-34，它为后来机枪的发展奠定了基础。

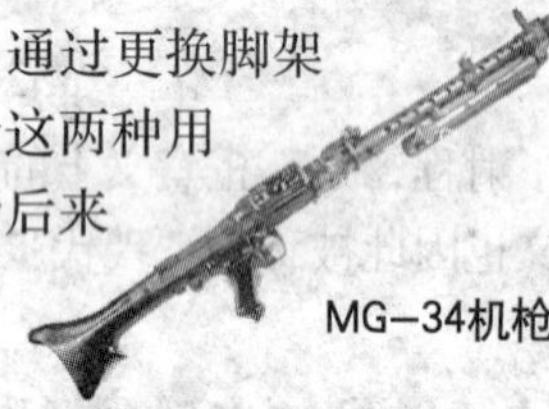

MG-34机枪

和枪械 面对面

美国"柯尔特"M1911式手枪

在自动手枪的发展历史上，美国"柯尔特"M1911式及其改进型M1911A1式是获得赞誉最多的手枪之一，有时也直接简称它为ACP——Automatic Colt Pistol（"柯尔特"自动手枪）。它的设计者是大名鼎鼎的美国著名枪械设计师和发明家约翰·M·勃朗宁。

柯尔特公司生产的M1911A1型手枪，在美军中列装长达70年，先后经历了第一次、第二次世界大战，朝鲜战争和越南战争的战火洗礼，不论对美军还是对世界手枪的发展都产生过深远影响。

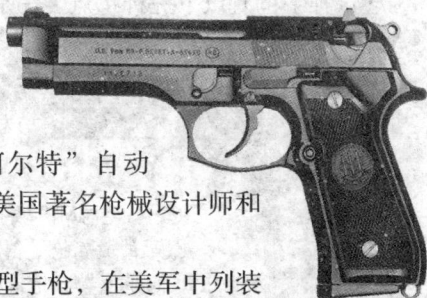

M1911A1

M1911式手枪基于勃朗宁设计的M1905式手枪，于1911年定型为M1911式。1923年，对该枪进行了改进，取名M1911A1式，于1926年正式列装。该枪全长为215毫米，枪管长127毫米，枪全重1.36千克，有效射程为50米，初速为253米/秒，弹匣容量为（7＋1）发。

以色列"沙漠之鹰"手枪
口径:44毫米
全枪长:270毫米
枪重:1.89 千克

关于此款枪的威力有许多传说，最惊人的就是1918年时一个名叫阿尔文·约克的美军下士用一支步枪射杀了德军的一个机枪组，然后用M1911式柯尔特手枪威逼着132名德国士兵放下武器，令他们结队走向俘房营。

美军M9式手枪

1985年由意大利伯莱塔公司研制的伯莱塔92F型手枪力压群雄，被美军选为新一代制式军用手枪，并在美军中重新被命名为M9式手枪。从此伯莱塔92F型手枪便"一枪走红"。该枪发射9毫米巴拉贝鲁姆弹，

口径：9毫米
全长：215毫米
重量：965克
弹容：15发

M9式手枪

全长215毫米，空枪重0.96千克，初速333.7米/秒，有效射程50米。

这种手枪有以下三种特点：一是射击精度高。该枪的开闭锁动作由闭锁卡铁上下摆动完成，避免了枪管上下摆动时对射弹造成的影响。二是枪的维修性好，故障率低，据试验：枪在风沙、尘土、泥浆及水中等恶劣战斗条件下适应性强，其枪管的使用寿命高达10000发。枪自1.2米高处落在坚硬的地面上不会出现偶发，一旦在战斗损坏时，较大故障的平均修理时间不超过半小时，小故障不超过10分钟。三是人机工效设计合理。枪的表面为无光泽的聚四氯乙烯涂层，不反光、耐腐蚀。

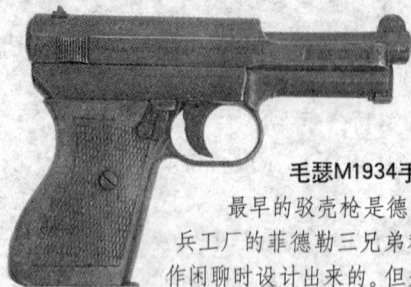

毛瑟M1934手枪

最早的驳壳枪是德国毛瑟兵工厂的菲德勒三兄弟利用工作闲聊时设计出来的。但是该枪最后申请专利者是毛瑟兵工厂的老板，所以驳壳枪也叫毛瑟手枪。驳壳枪，中国又称盒子炮，其正式名称是毛瑟军用手枪(Mauser Military Pistol)。毛瑟厂在1895年12月11日取得专利，次年正式生产。由于其枪套是一个木盒，因此在中国也有称为匣枪的。有一种全自动型的，称作快慢机。毛瑟M1934袖珍手枪是毛瑟M1910袖珍手枪的改进型，也叫张嘴蹬，这两种手枪的枪管都露在套筒外面，好像张着嘴，因此得名。

QSZ92式9毫米手枪

QSZ92式9毫米手枪是我国新一代军用手枪。它性能先进，结构新颖，可靠性高，操作方便，造型美观，广泛采用了新材料、新工艺、新结构。1999年12月20日，该枪正式装备驻澳部队，以其新颖的设计、独特的结构、优良的性能，引起世人关注。该枪的有效射程为50米，初速为350米/秒，

全长 190 毫米，枪管长 111 毫米，全枪重（含一个空弹匣）为 760 克。故障率小于 0.2%，全枪寿命大于 3000 发。该枪使用 DAP92 式 9 毫米普通弹（口径与国际接轨，并且可以通用国外的 9 毫米"巴拉贝鲁姆"手枪弹），该弹具有射击密集度小（在 25 米距离上，射弹 20 发，其散布圆半径不超过 60 毫米）、侵彻力强（在 50 米距离上，穿透 1.3 毫米厚的头盔钢板后，仍可击穿 50 毫米厚的松木板，而其他手枪弹均不能击穿钢板）。弹匣双排供弹，容弹量 15 发，可加装激光瞄准式 9 毫米手枪，也可加装枪口消音器。该手枪由枪机组件、发射机组件、弹匣组件、握把组件、枪管、枪管套、复进簧、复进簧导杆和连接座等零部件组成。

QSZ92

马卡洛夫手枪

马卡洛夫 9 毫米手枪，又称马卡洛夫校官手枪，由苏联枪械设计师马卡洛夫设计，1951 年被苏军选作制式手枪装备部队。后来签署《华沙条约》的许多欧洲社会主义国家的军队大都采用了马卡洛夫手枪，甚至当时属于社会主义阵营的中国、越南等国，也广泛采用马卡洛夫手枪。我国于 1959 年向苏联取得生产权，仿制马卡洛夫手枪，将其命名为 1959 式手枪，简称 59 式。后来，保加利亚、民主德国也取得了该枪的生产许可权，仿制生产马卡洛夫手枪。没有授权许可生产的其他社会主义国家则是从苏联直接进口。由于应用广泛，生产量大，马卡洛夫手枪从而成为一代世界名枪。至今，俄罗斯仍在开发马卡洛夫手枪的变型枪，包括军用和民用多种形式。由于中国、保加利亚、民主德国获得特许生产马卡洛夫手枪，使得该枪出现了 4 种文字的枪身铭文以及握把塑胶护片上的多种标志，这些都成为欧美枪械收藏家的抢手货。

2553　2552

2554

马卡洛夫手枪

格洛克18式9毫米手枪

格洛克 18 式 9 毫米手枪由奥地利格洛克公司制造，格洛克 18 式手

格洛克18式9毫米手枪

格洛克手枪性能数据：
弹种：9×19毫米帕拉贝鲁姆手枪弹
膛线：六边形，右旋
容弹量：17、19或33发
理论射速：1300发/分
发射方式：单发、连发
供弹方式：弹匣
全枪质量：636克(不含弹匣)

枪是格洛克17式手枪的改进型，只供给特种部队和特种武器突击分队以及军事人员使用。

格洛克手枪的主要特点是广泛采用塑料零部件，质量小，而且机构动作可靠，容弹量也大。格洛克手枪另一个显著特点是扳机保险装置和击发装置。该枪的扳机机构类似双动扳机，预扣扳机5毫米行程后，锁定的击针被解脱，呈待击发状态；再扣2.5毫米行程就能释放击针打击底火。

格洛克手枪扳机保险装置的优点很多。第一是它的使用简便性，扣压扳机就能击发，手指离开扳机就能自动处于保险状态。第二是每次击发的扳机力都是一样的。第三，假如手枪掉在地上或者从射手手中脱落，扳机保险装置能自动地处于保险状态，以避免走火事故的发生。

HK-P7系列手枪

HK-P7系列手枪现已成为德国警察和军队的制式武器，并为美国等军警部队使用。P7系列手枪有P7M8、P7M13、P7K3等多种型号，但P7K3式与P7不同的是采用自由枪机式工作原理。

HK-P7系列手枪都采用半自由枪机式工作原理。突出特点是有气体延迟后坐机构。击发时，当弹头脱离弹壳后，部分火药气体穿过位于弹膛前方

HK-P7系列手枪采用击针平移式双动扳机机构，它的握把前部兼作保险压杆，手握握把，保险杆压下，保险解脱并使得击锤待击；手松握把，手枪恢复到保险状态。

的导气孔进入枪管下方的气室内，进入气室内的火药气体又向前作用于与套筒相连的活塞，阻止套筒产生剧烈后坐力。

格洛克17手枪

格洛克17式9mm手枪（名字源于装17发的弹匣）是奥地利格洛克有限公司于1983年应奥地利陆军的要求研制的。现今，格洛克手枪已经发展成为具有4种口径、8种型号的格洛克手枪族，并被四十多个国家的军队和警察装备使用。尤其在美国，它占据了40%的警用自动手枪市场，基本型格洛克17式手枪成为现代名枪之一。

USP手枪

USP是德国赫克勒—科赫公司生产的通用自动装填手枪。该枪是HK公司为了满足民用市场、执法部门和军方的需要而设计的。USP有三种口径，分别是9毫米、45ACP、40S&W。

USP可以发射最大威力的9毫米枪弹。1993年USP开始投入生产，而且每种口径的USP都有9种型号，不同型号间的区别只是扳机方式、控制杆功能和位置的不同，而且每一种型号都可以任意修改为另一种型号。

SIG—SAUER P226手枪

全枪长：196毫米
全枪高：139毫米
全枪宽：37毫米
枪管长：112毫米
空枪重：865克
初　速：350米/秒
弹匣容量：15发

P226是一种单/双动击发的半自动手枪。

对于靶枪射手来说有许多理由说明P226也许是P220系列手枪中最好的一种，较之前的P220和P225相比，P226主要的卖点在于增大了弹匣容量，标准的P226弹匣容量为15发弹，另外还有20发的大容量弹匣。

P226的射击精度很高，因此深受靶枪射手的欢迎。

🔍 HK53短卡宾枪

德国 HK53 短卡宾枪是 HK33 系列中最短的型号，其大小与冲锋枪相当，却拥有突击步枪的威力，所以它既不完全算是步枪，也不等同于传统意义上的冲锋枪。冲锋枪的传统定义一般是指发射手枪弹的全自动武器，HK53 虽然是发射步枪弹，理论上有效射程为 400 米，但枪管长度只有 211 毫米，初速低，因此一般战斗范围只在 200 米以内，勉强有资格称之为卡宾枪。对于这一类武器，有些人按照其战术用途划分为"冲锋枪"，另一些人则严格遵守传统的冲锋枪定义，不承认 HK53 是冲锋枪，于是就称其为短卡宾枪或短突击步枪。虽然步枪弹威力和射程都比手枪弹大，不

HK53

太适合治安部队使用，但比起发射手枪弹的 MP5，HK53 更适合对付穿防弹衣的嫌疑犯。

HK53 型号中还有一种 HK53MICV，这是专为乘坐装甲车的战斗人员在车内通过射击孔对外射击而研制的，其实就是射孔枪。在枪管上有固定在射孔上的装置。HK53MICV 的主要特点是开膛待击，虽然对精度不高，但对于机械化步兵所配用的冲锋枪来说，关键是要解决枪的散热问题。

HK53MICV

📦 AK自动步枪

俄罗斯的 AK 自动步枪由卡拉什尼科夫设计，是目前世界上各国军队装备使用最多的一种步枪，特别是在东欧和亚洲各国军队中都能看到它的身影。在目前的阿富汗战场，无论是塔利班，还是北方联盟，其士兵的主要装备也是 AK 步枪。为什么 AK 自动步枪在世界各国军队中装备如此之多呢？因为这种自动步枪构造简单、可靠、耐用、轻盈，不论谁都会使用。假如把它放入水中几个星期再拿出来，给它推上子弹，照样能嗒嗒嗒嗒地射击。而美国的 M16 自动步枪，如在水中存放几个星期，就可能因生锈、卡壳不能使用。在越南战争期间，美国兵在战场上一旦从战死的越南人身

AK-74步枪

AK-74步枪是由卡拉什尼科夫领导的设计小组在AKM突击步枪的基础上改进而成的,由前苏联制造。1974年定型生产,它是前苏联装备的第一种小口径步枪,也是世界上大规模装备部队的第二种小口径步枪(第一种是美军的M16自动步枪)。AK-74几乎继承了所有AK-47的优点,结构简单、稳定耐用、性能优良。但由于是采用小口径弹药(5.45mm),其威力要比AK-47差一些,但远距离穿透力要高于7.62mm的弹药。俄罗斯根据AK-74制造出了很多的变型枪械,如:AKS-74U、AK-74N、AK-74M、APS AH-94 (AN-94) 等。其中AN-94被称为新一代的枪王。

上捡到一支 AK 自动步枪,就会把手中的 M16 扔掉。

AK 自动步枪是为极端气候条件下——炎热的沙漠或冰天雪地作战而设计的。它采用气体传动,枪栓和活塞是不会氧化的。在连续射击导致金属发热膨胀或有异物尤其是灰尘进入枪内时,步枪的机械结构仍能继续工作。1991 年海湾战争期间,美国兵给自己的 M16 自动步枪的枪管套上一个橡皮套来防止灰尘,而装备 AK 自动步枪的伊拉克士兵就用不着这样做。

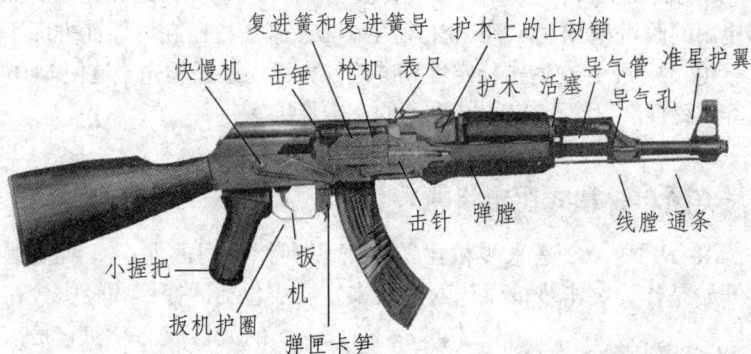

AK47式7.62毫米突击步枪

美国M16步枪

M16 步枪可谓 AK-47 的"欢喜冤家"。四十多年来,美国所参与的所有海外战争在某种程度上几乎都是 M16 与 AK-47 的较量。

别看 M16 步枪使用的 5.56 毫米子弹口径小,但其弹头射入人体后会产生翻滚,破坏人体内部组织,造成巨大的创口面。在越南战争中,由于

美国M14式7.62毫米步枪

M14基本上是在M1步枪的基础上研制的。是美国制造的可选射击模式步枪，但它生不逢时，20世纪60年代美国介入越南战争，在东南亚丛林作战中M14式步枪显得比较笨重，单兵携带弹药量有限，而且弹药威力过大，全自动射击时散布面太大难以控制精度。后来被M16自动步枪所取代。

M14步枪具有精度高和射程远的优点，1969年美国军方根据M14研制出M21狙击步枪，受到部队的欢迎。美军在2003年对阿富汗、伊拉克的战争中，重新启用了更多的配上两脚架和瞄准镜的M14，攻击开阔地的目标，提供远射程支援火力。尽管M14步枪作为军用步枪不能算成功，但是在民用市场有很好的销路，多家工厂继续生产民用型M14步枪出售。

美军使用的M16步枪大多采用黑色外观，以致越南游击队曾流传"小心黑枪"的说法。不过，早期的M16步枪没有设计快慢机，射速过高，使一些士兵经常在任务未结束前就打光了子弹，再加上美国人急匆匆地把M16步枪送上前线，未进行彻底的可靠性检查，一度出现枪膛进水就无法射击的情况。越战期间，有的美军士兵宁可丢掉手中的M16而去使用AK-47。

"知耻而后勇"，美国始终没有停止对M16步枪的改进和完善。如今美军使用的改进型M16A2步枪和衍生型M4卡宾枪已在可靠性方面不亚于AK-47的水平，在射击稳定性和准确性方面还遥遥领先。这使M16成为装备广泛程度仅次于AK-47系列的突击步枪。

美国AR-10式突击步枪

AR-10式7.62毫米步枪由美国阿玛利特公司的尤金·斯通纳设计，开始是作为突击步枪设计的，后来发展成包括冲锋枪和轻机枪在内的武器族。最初它是按照0.30～0.6（7.62×63毫米）枪弹设计的，1955年才改为7.62毫米（7.62×51毫米）枪弹。50年代，荷兰国家兵工厂和美国柯尔特

AR-10突击步枪

AR-10式突击步枪是第二次世界大战后出现的几种比较引人瞩目的自动步枪之一。它的设计有独到之处，如导气管式工作原理、三用提把结构、大量采用轻金属和非金属材料等。

制造公司曾少量生产过此枪，但未被列入正式装备。不过，它的主要特点在 AR – 15（M16）式 5.56 毫米步枪上得到了进一步发展。

"魔方步枪"AUG

无托步枪是英国人发明的，但奥地利人做得更好。他们的 5.56 毫米 AUG 步枪成了当今世界无托步枪的杰出代表。

AUG 不太重，空枪仅 3.4 千克；双手握持抵肩射击时感觉很舒服，而且能很快掌握单手持枪自动射击。根据战斗需要，还可更换不同长度的枪管，转眼

AUG自动步枪

间它就由普通步枪变成了卡宾枪、冲锋枪、伞兵枪和轻机枪（另配两脚架）。

改进型 AUGA2 保持了 AUG 的主要优点，突出的改进是机匣和瞄具可分离，机匣左侧增加了可折叠的滑板，以减少枪落地摔裂的危险。新安装的全息瞄具技术先进，它的窄显示屏不会切断现场，显示图像大，射手可双眼睁着瞄准，利于射手快速捕捉目标。

德国HK公司G3A3自动步枪

G3A3 自动步枪 1959 年正式装备原西德军队。它采用半自由枪击自动方式，滚柱闭锁机构，塑料前托，转鼓式表尺照门。

G3A3 是德国赫克勒－科赫公司于 1950 年，以 STG45 步枪为基础所改进的现代化自动步枪，口径为 7.62 毫米。1959 年，G3A3 步枪正式装备德国部队。20 世纪 60 年代，瑞典为了替换旧式步枪，举行了新一代制式武器评选，经过多次不同种类

G3A自动步枪

M4A1从精度、后坐力、重量、射速都高于 G3A3。但是G3A3的杀伤力足以弥补这些缺点，2~3 枪就可以消灭一个敌人。

G3A3与AK74都是属于"点射"的射击方式。它们有着相同的威力、射速，但是G3A3后坐力以及重量小于AK－74，整体性能要比AK－74稳定。

的测试后，最终挑选 HKG3 作制式步枪。G3A3 是二战后步枪六杰之一。

G3A3 的枪机设计非常经典，既保证精度，又结实可靠，加上德国式的精密和细致，通过局部的变换就迅速地扩展出冲锋枪、轻机枪，若是加上望远镜瞄准器，就会变身成命中率极高的狙击步枪，这使 G3 系统成为世界上可变型最多的枪械。

G3A3

口径：7.62毫米
全长：1020毫米
重量：4250克
弹容：20发

在"沙漠风暴"和其他局部战争、冲突中，G3A3 凭借着高精度、高可靠性被大量使用，其良好的作战性能无愧于世界名枪的称号。

德国G36K

HK 公司在 G36 标准型突击步枪的基础上推出了 7 种变型枪，形成一个枪族，包括 G36 标准型突击步枪、G36K 短步枪、G36 卡宾枪、G36E 突击步枪、G36 运动步枪、G36 狙击步枪、G36 轻机枪和 G36C。

G36K 型短步枪为短枪管型，全枪长 860 毫米，枪管长 270 毫米，折叠式枪托，采用英国激光制品公司的休尔费尔战术灯和激光瞄准镜，普通瞄具为框式表尺，表尺射程 350 米，可下挂 40 毫米 AG36 榴弹发射器。

G36K

HK33

自从 1964 年 M16 被美军选用，世界上掀起一股小口径步枪的风潮。为顺应市场需要，HK 公司以 G3 步枪为基础开发出几种不同口径的步枪，HK33 是以 G3 为基础而开发的第一支使用 5.56 毫米步枪弹的自动步枪。HK33 在德国基本上没有装备，但在第三世界国家相当受欢迎，出口型一般被称为 HK33E。HK33 通常配 25 发钢弹匣或 40 发铝弹匣。最近 HK 公司向执法机构和军用市场推出钢制 30 发弹匣，弹匣非常坚固，能承受

车辆的辗压。目前装备
HK33 的军队有马来西
亚、智利、泰国等，土
耳其在 1999 年开始特许
生产 HK33。此外还有一
些国家或地区的执法机
构少量地采用 HK33。

HK33班用轻机枪

HK33 系列中大多数的型号是 HK33A2 和 HK33A3，前者为固定枪托，
后者为伸缩枪托。另外还有短枪管型的 HK33K。

HK33 系列包括 HK33A2 自动步枪（标准型、固定枪托）、HK33A3
自动步枪（伸缩式枪托）、HK33KA1 卡宾枪（缩短型、伸缩式枪托）、狙
击步枪（固定枪托、配光学瞄准镜）和班用轻机枪（固定枪托、带两脚架）。

比利时FAL突击步枪

1940 年 5 月，在纳粹德军
铁蹄下的比利时重镇列日，一
名负伤的比军士兵被德国兵追
得几乎无路可退，幸亏路边酒
店的女老板用酒窖作掩护，使
他逃过一劫。女老板做梦也
没想到，自己的这番义举为

FAL突击步枪

比利时乃至整个西方挽救了一位天才的枪械设计师——塞弗。

二战结束后，回到祖国的塞弗已是小有名气的兵工厂技师。他敏锐
地感觉到结合老式手动步枪远射程和冲锋枪瞬间火力猛特点的突击步枪具
有远大前程，开发出备受北约军队欢迎的战后第一代新型突击步枪——
FAL。

由于 FAL 易于生产，价格较低，所以很快被列为北约军队的制式步
枪，并很快普及到为数众多的拉美、亚洲、非洲国家。还有不少国家进行
仿制或特许生产。这使得
FNFAL 成为二战后产量
最大、生产与装备国家最
多、分布最广的军用步枪
之一。

英国L85A1突击步枪

　　L85A1 突击步枪又称恩菲尔德 SA-80 步枪。该枪是一支设计独特、加工精细、便携平稳的武器。不幸的是制造该枪的恩菲尔德轻武器厂在上世纪 90 年代初就关闭了，该枪从此转由其他厂家生产。L85A1 远不及"世界六大名枪"的名声那样响亮，目前也仅外销到莫桑比克一个国家。

SA-80式5.56毫米突击步枪（卡宾枪）

　　枪长555毫米，枪重5.7千克（不带弹匣和瞄准镜），弹匣容量25发，采用低倍率宽视角的光学瞄准镜，有效射程300米。

　　该枪的枪管长达 518 毫米，并且配有机械瞄准具和光学瞄准镜两种瞄准装置，具有射击精确度高，稳定性好的特点。

　　该枪在设计时从战斗使用角度考虑的有所欠缺，相比其他名枪故障率明显偏高。比如，在海湾战争中，英军在使用该枪时，多次出现弹匣卡榫卡不住弹匣、击针破裂、全枪腐蚀严重等问题，故障率比同时参战的美 M16A2 高出许多。

法国FA·MAS突击步枪

口径：5.56毫米
全长：757毫米
重量：3380克
弹容：25发

　　该枪由法国地面武器工业集团生产。有标准型、出口型、民用型、突击队员型等变型枪。

　　G2新型突击步枪于1995年首次装备法国海军陆战队，之后为陆军换装，90年代末开始向其他国家出口。

意大利伯莱塔M12S冲锋枪

意大利9毫米伯莱塔 M12S 冲锋枪由伯莱塔兵工厂生产，是世界上第一流的新型冲锋枪之一。武器短小粗壮，结构合理，机匣、发射机框、握把及弹仓成一个整体件，保证了在任何恶劣条件下都动作可靠。初速365米/秒，射速500～550发/分，可单、连发射击，弹匣容量20～40发，枪长418毫米，枪重3.2千克。目前世界上有十几个国家装备了该枪。

伯莱塔M12S

HK45口径通用冲锋枪(UMP45)

由德国 HK 公司开发的"45 口径通用冲锋枪"（简称 UMP45)，于 1998 年底交付使用。该枪大量采用了塑料材料，机匣和枪托等都是用塑料制作的。这些塑料是聚酰胺系的强化型塑料，同时混入了石

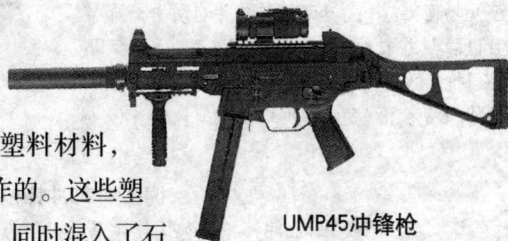

UMP45冲锋枪

墨纤维，从而大大增强了耐久性。正是这种原因，UMP45 的耐用寿命达到了 10 万发，作为冲锋枪来讲是非常优秀的。

UMP45 采用自由式枪机，为了保证射击精度采用闭膛待击。为便于连发时操枪和减小射弹散布，还安装了射速减速器，把射速限制在 580 发/分，在发射高压弹时，射速会提高到 700 发/分。塑料制的直形弹匣容

德国HKMP7式冲锋枪

HKMP7式冲锋枪是HK公司为了与比利时FN公司的P90式冲锋枪相抗衡而研制开发的，两者的设计思路很相似，都是发射小口径高速枪弹的小型冲锋枪。由于采用特种枪弹，其穿透军用防弹背心的能力大大增强，而过去采用普通手枪弹是难于穿透的。该枪曾装备科索沃派遣部队及在阿富汗作战的德军部队。

量为 25 发。还设计有一种 10 发的短弹匣。枪管前端有一个凸爪，可安装消声器或消焰器。枪托向右折叠后，抛出的弹壳从枪托中的孔中抛出，与 G36 相似。枪的结构十分简单，也与 G36 相似，因为这是设计师刻意采用的原则。UMP45 的瞄具采用的是柱型准星和固定的觇孔式照门，简单实用。

UMP45 具有全自动和半自动射击功能，既可以连发，又可以单发，根据需要可随时更换射击方式。

HKMP5K冲锋枪

20世纪70年代是都市游击战的疯狂年代，恐怖分子袭击重要人物时多采用火力猛烈的冲锋枪和突击步枪。而保护要人的警卫感到需要同样火力猛烈的全自动武器，而且为出入公众场面，这种武器还需要像半自动手枪那样可以隐藏在衣服下，避免引人注目。1976年HK公司推出的短枪管MP5K，就是在这种背景下产生的。K是德语"短"（Kurz）的缩写。

德国MP38冲锋枪

MP38式9mm冲锋枪是德国埃尔马兵工厂为满足装甲部队和伞兵部队的需要，于1938年生产的，同年部队列装，取名为MP38式。1939年对MP38进行了改进，改进后命名为MP38/40式。后来，为了简化加工工艺和降低成本，又对MP38/40作了几次改进，其改进型分别称为MP40/I式、MP40/II式等系列冲锋枪。在1940~1942年间，共生产了1 037 400支MP40冲锋枪，直到60年代仍有一些国家使用这种枪。

柯尔特冲锋枪

柯尔特9毫米冲锋枪是美国柯尔特制造公司研制的，目前装备美国执法机构、海军陆战队，其他一些国家也装备有此枪。

该枪结构紧凑，操作轻便，射击精度好。柯尔特以M字作为军用产品编号，向执法部门销售的型号则为RO。型号有：RO633、RO634、RO635、RO639。

柯尔特9毫米冲锋枪是一种具有AR-15外形，但采用后坐作用、闭锁式枪机设计运作的冲锋枪，发射9×19毫米手枪弹。

在外观上，柯尔特9毫米冲锋枪有很多部件源自AR-15，包括枪托、握把、提把、护木和机匣外形等，由于采用AR-15相同的直托缓冲系统，可降低射击时的后坐力及提高准确度，弹匣参考自以色列的乌齐冲锋枪的双排设计。

KRISS XSMG冲锋枪

点45口径KRISS XSMG冲锋枪由瑞士转换防务工业公司研制。与其他全自动武器相比，这种独特的设计不仅大大降低了后坐感，并且使枪口在全自动射击时基本不会上跳，使用起来十分方便。

点45口径子弹的强大后坐力

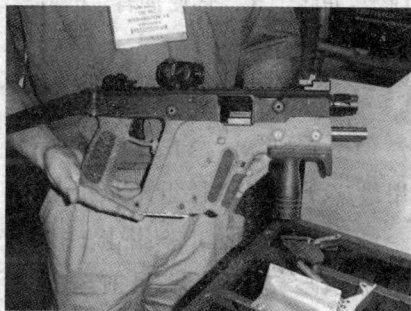

捷克"蝎"式冲锋枪

"蝎"式冲锋枪体积不比战斗手枪大多少，所以有人认为它应该算作冲锋手枪。它的设计初衷确实是作为一种双用途武器，既可像冲锋枪那样双手抵肩连发射击，又可像手枪那样单手不抵肩单发射击。它既可以作为近距离战斗中的突击武器，也可以代替手枪作为个人防卫武器。其大小很适合被车辆司机或飞机驾驶员携带或使用。虽然它的实战效果不太理想，然而，该枪在轻武器历史上却占有一席之地。该枪在捷克被警察、安全部队和反恐怖部队中广泛采用。但同样由于它尺寸小极易隐藏，而且消声效果极好，也被一些恐怖主义组织所使用。

俄罗斯新型PP-2000式9毫米冲锋枪

该型冲锋枪最大的特点是机匣部件大量采用了高强度塑料，空枪仅重1.4千克，而且提高了武器的抗烧蚀能力。该枪有单发点射和全自动射击两种模式，射速为650发/分，有效射程可达200米，使用7N31式9×19毫米穿甲弹时可以击穿防弹衣。该枪既可配用标准弹匣也可配用螺旋式弹匣，容弹量分别为32发和64发。枪上配有导轨系统，可以安装各种光学瞄准具。

最终"被驯服"。尽管大多数机关枪都会像倔驴一样向后"踢"，但KRISS冲锋枪的革命性开火机构使后坐力向下，而不是像其他武器直接作用于你的肩膀。

在当今战场上，敌人从来不会给你第二次机会。如果你还需要时间对来敌活动进行判断的话，这几乎就宣判了你的死亡。你需要快速、精炼和准确的武器以及像45口径这样的子弹（能以每分钟4500发的速度发射），如此一来，你便拥有了战胜一切的力量。

巴雷特M82A1狙击步枪

巴雷特M82A1是当今使用最广泛的大口径狙击步枪之一，几乎占领了50%狙击步枪市场，居统治地位。目前至少已装备三十多个国家的军队或警察部队。M82A1也被广泛用作民间射击比赛。

M82A1半自动狙击步枪运用枪管短后座原理，采用半自动发射方式。枪管短后座原理是著名枪械设计师勃朗宁开发的，而巴雷特将这种原理改进使之适合作为肩射武器的自动原理。

口　径：12.7毫米
全　长：1447.8毫米
枪　重：12.9千克
弹匣容量：10发
配　弹：12.7×99毫米勃朗宁机枪弹
最大射程：1830米

中国79式7.62毫米半自动狙击步枪

中国7.62毫米狙击步枪的主要特点是射击精度高、有效射程远、质量小、机构动作可靠。该枪配有光学瞄准镜，可减小射击时的瞄准误差，提高首发命中率。半自动射击方式提高了战斗射速，便于抓住战机命中目标。

M82A1狙击步枪自带机械瞄具，也可以安装光学瞄具。

M82A1狙击步枪的后坐力很小，这就保证了射击时的舒适性及射击精度。M82A1的可调两脚架与M60机枪通用，握把则与M16A2步枪通用。在M82A1弹匣前方还可以安装巴雷特公司研制的伸缩架座。

德国SSG3000狙击步枪

SSG3000是SIG公司在1984年推出的，实际上是德国Sauer公司设计和生产的。

SSG3000与SSG2000都是旋转后拉式枪机，但SSG3000采用的是黑色麦克米伦（McMillan）玻璃纤维枪托，而SSG2000则是胡桃木枪托。两支枪在外形上的最大区别是SSG3000在枪身两侧有开槽。在Sauer和SIG分家之后，SSG3000的名称前面就去掉了SIG的字样，改称为Sauer SSG3000。

德国SSG3000狙击步枪有三种不同的枪托类型，因此也有三种不同的名称，分别为欧洲型（Sauer SSG3000 Euro）、二级型（Sauer SSG3000 Level II）和三级型（Sauer SSG3000

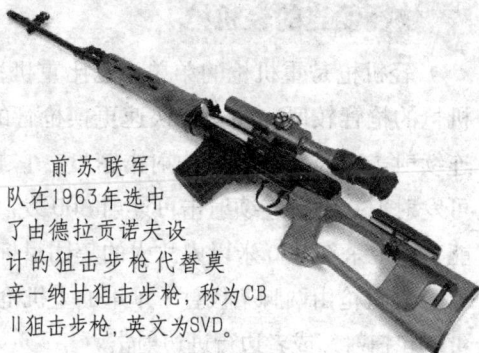

前苏联军队在1963年选中了由德拉贡诺夫设计的狙击步枪代替莫辛-纳甘狙击步枪，称为CB II狙击步枪，英文为SVD。

Level III）。欧洲型前护木两侧各有 4 个开孔，二级型和三级型的护木差不多，但三级型比二级型稍重 0.5 千克，而且表面有粗糙式的凹凸防滑纹。

火力凶猛的重机枪

重机枪发射的子弹像流水一样，1 秒钟可连续发射 10 发，能形成一张强大的火力网。它既可以用来压制敌人的火力点，封锁敌人的行动路线，还能大批杀伤集团目标，支援步兵冲锋陷阵。

重机枪的射程比步枪、冲锋枪都远。使用普通枪弹时，在 3000 米以内仍有一定的杀伤力；用特种弹，射程可达到 5000 米。

射击时，机枪需要不断冷却。早期的重机枪采用水冷式，很笨重。现代的重机枪由于改为气冷式，机件减少了 2/3，大大提高了机动性。

重机枪在发展过程中产生了三个小兄弟：一个是轻机枪，一个是通用机枪，一个是高射机枪。

马克沁08式7.92毫米重机枪

马克沁在1883年首先成功地研制出世界上第一支自动步枪。1884年制造出世界上第一支能够自动连续射击的机枪，射速达每分钟600发以上。真正使马克沁重机枪扬名天下的是第一次世界大战战。在1916年6月的索姆河战役中，德军用改进的马克沁08式7.92毫米重机枪一天之内使英法联军死伤6万人。

快捷便当的轻机枪

轻机枪是重机枪的弟弟。它比重机枪轻，可以随步兵冲锋陷阵。轻机枪的枪管较厚，并支持快速更换枪管的冷却措施，能够进行长时间的连续射击，因此有良好的射击密度。它靠弹链或弹匣供弹，通常每分钟可发射 150 发，连续射击可连射 300 发。这相当于许多步枪的集中火力，能有效地杀伤 800 米以内敌人的集团目标和重要的单个目标。

轻机枪由两脚架代替了笨重的重机枪架，射击稳定性好。必要时，还可端起扫射，或者边行进边射击。

M249轻机枪

M249衍生自比利时Fabrique Nationale的FN米尼米机枪,是一种小口径、高射速、轻巧的轻机枪。美军在1980年举行的班用自动武器评选时,参选的FN Minimi命名为XM249,其后在1982年2月1日正式装备并成为M249班用自动武器(M249 Squad Automatic Weapon),但因当时曾经出现过可靠性问题,实际上美军在20世纪80年代后期才全面装备。M249及FN Minimi有多达三十多个国家采用。

小博士乐园

轻骑兵之王——成吉思汗

成吉思汗(1162-1227),本名铁木真,是世界上当之无愧的轻骑兵之王,冷兵器时代闪电战的英雄。他不仅结束了蒙古草原四分五裂的局面,完成了蒙古族的统一,他的蒙古骑兵更是让欧洲的基督教世界、西亚的伊斯兰教世界心惊胆寒。他生平争战无数,灭国百余,兵威之胜无人能及。他的子孙建立起的蒙国帝国曾是世界上最大的帝国。

苏联在AKM突击步枪的基础上发展出班用轻机枪,使用40发弹匣或75发弹鼓,空枪重5.6千克,瞄准基线长560毫米,这便是后来享誉世界的RPK轻机枪的雏形。1959年,苏联红军正式采用该枪,定名为RPK,即是俄语"卡拉什尼科夫轻机枪"(英文Ruchnoi Pulemet Kalashnikova)的缩写。

🔍 灵活机动的通用机枪

通用机枪,是介于重机枪和轻机枪之间的一种机枪,又称两用机枪。它以两脚架支撑可当轻机枪使用;装在稳固的枪架上又可当重机枪用。它的性能也介于轻、重两种机枪之间:同轻机枪一样配有枪托,便于抵肩射击;又同重机枪一样使用重枪管,保证有较高的战斗射速和连续射速。

通用机枪一般装备到排或连,从这个意义上讲,人们又叫它连用机枪。

CQ7.62毫米通用机枪

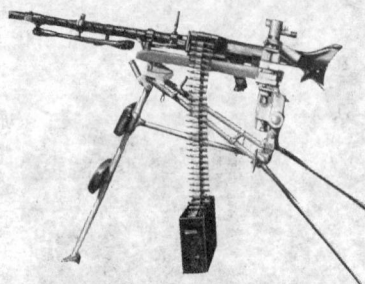

德国MG34式通用机枪

M60式通用机枪

于1958年起装备美军，目前被世界上许多国家采用。其突出特点是结构紧凑、火力较强、用途广泛、射速低、易于控制。

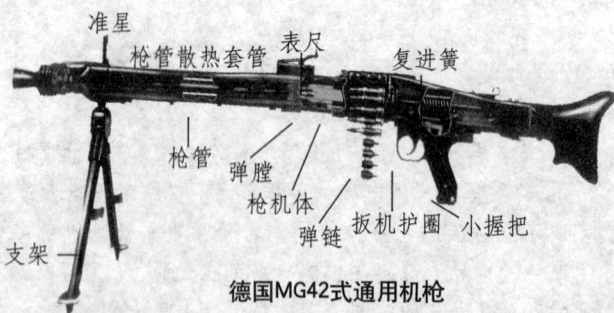

准星　枪管散热套管　表尺　复进簧

枪管　弹膛　枪机体　弹链　扳机护圈　小握把

支架

德国MG42式通用机枪

M2式勃朗宁大口径重机枪

美国勃朗宁 M2 式 12.7 毫米大口径机枪研制工作始于第一次世界大战末期，于 1921 年正式定型，当时称为 M1921 式 12.7 毫米机枪。M1921 式机枪实际是在老的 M1917 式 7.62 毫米口径基础上放大设计的，由于保留了水冷式枪管结构，全枪非常笨重。后来美国对 M1921 式进行了改进设计，研制了质量小、带气冷枪管的 M2 式机枪。战场使用发现，M2 式机枪枪管较薄而难以适应持续射击，因此美国

前捷克斯洛伐克VZ59式7.62毫米通用机枪

ＶZ59式7.62毫米机枪是沿袭ＶZ52式机枪的基本设计思想研制的，同ＶZ52式相比，简化了操作，工艺性也较好。

该枪为两用机枪，可配装轻型枪管和两脚架作班用轻机枪；也可配装重型枪管和两脚架作连用机枪，型号定为ＶZ59L式，还可配装重型枪管和轻型三脚架，三脚架还可改装为高射枪架，型号定为ＶZ59式。

于 1933 年又研制出了带重枪管的 M2 式机枪，称为 M2HB 式。

美国 M2 勃朗宁重机枪又称 50 机枪，其使用 12.7×99 毫米子弹。

M2HB 式机枪是世界上最著名的大口径机枪之一，目前有五十多个国家装备。美国军队除装备带三脚架的 M2HB 式机枪外，还将它配装在轻型吉普车和步兵战车上，作为地面支援武器使用，也作为坦克上的并列机枪使用。M2HB 式大口径机枪威力大，精度好，动作可靠。缺点是质量大，射速低。

M240B和M240G机枪

M240B 和 M240G 机枪，这两种型号同样也都是比利时 FN 公司的产品，也是美军为了替换 M60 机枪的替代产品，两者外观基本一致，M240B 是陆军的命名，而海军陆战队命名为 M240G，它们的区别就是陆军的护木上加有散热护罩，而海军陆战队则没有。M240 使用口径为 7.62×51 毫米的枪弹，长度为 1260 毫米，有效射程为 1800 米，最大射程为 3725 米。对于 M240，美陆军和海军陆战队都极为满意。在战场上这种武器能够快速有效地压制敌方火力。在互联网上有很多在伊拉克被 M240 击中的反美武装分子的照片，情景惨不忍睹，令人毛骨悚然。

M240B车载机枪

美国著名枪械制造商国营制造公司——FN公司(位于美国南卡拉罗纳州哥伦比亚地区)设计制造。M240的变型枪：M240型车载机枪；M240B型步兵用机枪(带有三脚架)；M240H型直升机载机枪(UH—60型"黑鹰"直升机)；M240E6型轻机枪(供特种部队、骑兵部队、空降部队和其他轻型步兵部队使用)。

对空射击的高射机枪

高射机枪主要用来对空射击，特别是对低空飞机、俯冲机和空降兵等目标射击效果明显。

高射机枪多为大口径枪。枪身有单枪与多枪联装之分，装有简单机械瞄准装置或自动向量瞄准具。枪架有三脚架式和轮式，上有高低机和方向机，有的还装有精瞄机，并有高低、方向射角限制器，用于支持枪身和赋予枪身一定的射角和射向。枪身可在枪架上水平旋转360°，射角可达90°。高射机枪战斗射速约70～150发/分，射程可达2500至3000米，有效射高约2000米。

高射机枪既可以对空射击，也可以对地面、水面目标射击。对1000米以内的地面、水面装甲目标、火力点、船舶以及骑兵都有相当大的杀伤力。

中国 QJZ12.7毫米机枪

该枪大幅度减小了重量，并且首次在大口径枪上采用"枪管短后坐式—导气式"混合自动原理，使该枪步入世界先进行列。

GP-25榴弹发射器

GP-25榴弹发射器

在20世纪中后期，美国的M203枪挂式榴弹发射器成功研制并装备部队，枪挂式榴弹发射器既可以为步兵提供近距离火力支援，杀伤点面有生目标，又不影响枪械的正常射击。苏军被这种新式武器的战术性能所刺激，于是苏联的工程师也于20世纪中期开始研制枪挂式榴弹发射器，第一个定型的产品为GP-15，随后在GP-15基础上进行改进，在20世纪末定型出GP-25。GP-25既可平射也可以曲射，用于摧毁50至400米射程内的暴露的单个或群体目标，或隐藏在障碍物后、掩体后、散兵坑内或小山丘背面的目标。1981年开始装备部队，并在1984年首次在阿富汗战场露面。目前仍然是俄军的步兵班配备的武器，并在车臣地区大量使用。在俄军的俚语中，GP-25被称为"小型火炮"。

MK19式自动榴弹发射器

MK19式自动榴弹发射器，是美国肯塔基州路易斯维尔的海军军械研究所研制的。研制工作始于1966年7月，1967年初研制成功，命名为MK19-0式 榴弹发射器。1970～1971年，美国海军推行生产改进计划，改进后的产品命名为MK19-1式，并把六百多具MK19-0式改造成为MK19-1式。

安装在机车上的MK19式自动榴弹发射器

1976年，海军军械研究所再次推行改进计划，目的是提高其可靠性与安全性，降低成本，简化维护工作。改进后的产品命名为MK19-3式。同前两种型号产品比，该型号产品的零部件数减少了53%，且不必借助专用工具就可进行拆卸。

MK19-3式榴弹发射器具有结构简单、可靠性与安全性高、适应性广等特点。该发射器的外形与结构同重机枪相似，故又称榴弹机枪。采用气冷身管、枪机后坐式工作原理，前冲击发，弹链供弹。发射器由机匣组件（含发射管）、装有尾板的枪机、击发机构、机匣盖及供弹槽和推弹板5大部件组成。钢制发射管固定在钢制机匣的前端，两套发射机构（手动扳机、电磁击发装置）分别安装在机匣尾部及下方。其扳机和握把同M2机枪相似，电磁击发装置用于机载遥控发射。

该发射器成功地采用了固定弧形导轨供弹抛壳方式，减少了活动机件，取消了拉壳钩和抛壳挺，从而简化了结构，提高了机构动作的可靠性与安全性。利用MK 64-4式托架，可将该榴弹发射器直接安装在车辆、直升机和

小博士乐园

世界军事史上的奇才——拿破仑

拿破仑（1769～1821），法国的军事家与政治家，这个差一点就成了全欧洲大皇帝的人，是世界军事史上的一大奇才。他曾经占领过西欧和中欧的广大领土，使法国资产阶级革命的思想得到了更为广阔的传播。他在军事上的成就简直让人无法相信，他是法国人心中永远的骄傲。

舰艇的支架上，也可安装在三脚架上用于地面射击。该发射器的瞄准装置由准星和框形表尺组成，分别安装在机匣盖和机匣的上方。美国海军陆战队为该榴弹发射器配备了 8×56mm 的光学瞄准镜，可在 2000 米之外实施瞄准射击。

该发射器发射美国 40 毫米 SR 系列榴弹，包括 M383 式、M384 式、M385 式以及 M430 式等近 10 种弹药。

德国AG36 40毫米榴弹枪

HK 公司研制的 AG36 榴弹枪是基于 HKG36 突击步枪的枪挂式榴弹发射器的改进与发展型，可以在各种射角单发发射 40 毫米榴弹，轻便且容易操作。由带膛线的发射筒、机匣、握把和伸缩枪托组成，外形像冲锋枪。其发射筒比枪挂式榴弹发射器的发射筒短。发射筒向左侧摆出，从发射筒后端装填榴弹。

雷明顿M870式霰弹枪

雷明顿 M870 式霰弹枪是雷明顿兵工厂于上世纪 50 年代初研制成功的，因其结构紧凑、性能可靠、价格合理，很快成为美国人喜爱的流行武器，被美国军队、警察采用，雷明顿兵工厂也因此而成为美国执法机构和

小博士乐园

坦克之父——古德里安

古德里安（1888～1954），纳粹德国三大名将之一，第二次世界大战陆地上最优秀的统帅。知道"坦克战"和"闪电战"的人一定会知道他的名字，因为他是"坦克之父"，他是闪电战的开创者，他的进攻速度让希特勒都感到心惊胆寒。但这位"坦克之父"也是不可饶恕的法西斯帮凶，是希特勒祸害天下的手。

军队最喜爱的兵工厂之一。从50年代初
至今,它一直是美国军、警界的专用装备,
美国边防警卫队尤其钟爱此枪。M870式
霰弹枪最初有基本型(军用型)和警用型
(M870P)两种型号,后来出现了民用型和
改进型等十余种型号。各种型号枪的枪管

M870霰弹

长度各不相同,从356~508毫米不等,弹匣容弹量为3~7发不等,但
都是下方供弹,侧向抛壳。枪托既有固定式硬木枪托,也有折叠式尼龙枪
托和金属枪托,一般采用机械瞄具,后期产品有的配用了光学瞄具。

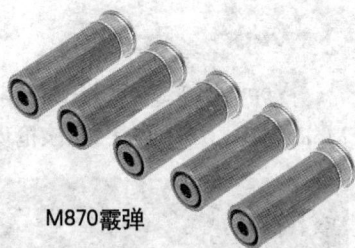

贝内里M1/M3式霰弹枪系列

贝内利 M1/M3 式霰弹枪系列是美国军用
霰弹枪中技术含量最高、性能最好的,它是十
多年前由贝内里公司研制的。M1/M3 式霰弹枪
有多种不同长度的枪管,其基本枪管长 355.6
毫米,所有枪管的弹膛长均为 76.2 毫米。瞄具
有圆柱形准星、缺口照门机械瞄具、激光瞄具
和微光瞄具。弹匣容弹量为 5 发。该霰弹枪系
列除有不同长度的枪管外,还有一种装有手枪
把和折叠枪托的型号。

美国M3式霰弹枪

M3超级90霰弹枪

M3 超级 90 式可变霰弹枪是意大利贝内利军械公司为满足执法人员
和反恐怖活动分队的需要而设计的,有普通型和专用型两种型号,专用型
仅供执法人员和政府机构使用。

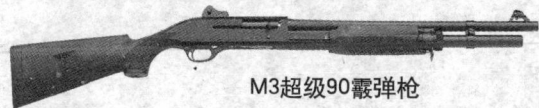

M3超级90霰弹枪

该枪配有可调风偏
的表尺和固定式准星,
全枪长 1040 毫米,全枪

质量(不含枪弹)3.40 千克,配用弹种是 76 毫米霰弹。同手枪或步枪比,
在近距离内使用时精度更好,且能更迅速地停止射击。

🔍 Vepr-12霰弹枪

Vepr-12霰弹枪相当于Saiga-12霰弹枪的战术改进型，不过却是Molot工厂生产的，因此该枪现在是Saiga-12的有力竞争者。Molot工厂以往生产RPK-74机枪和以Vepr为商标的各种民用半自动猎枪。而所有的"Vepr"步枪和霰弹枪均以RPK-74轻机枪的加强型机匣为基础设计。

VEPV-12霰弹枪

Vepr-12霰弹枪采用与Saiga-12相同的导气式操作，长行程导气活塞位于枪管上方，回转式枪机是AK式的设计。与Saiga-12不同的是，Vepr-12的导气系统没有气体调节器。该枪最大的特点是保险/快慢机柄有拇指操作的开关，而且左右两侧都有。而且该枪还有传统AK系统所没有的空仓挂机功能。另外弹匣座有扩大的弹匣插槽，方便快速插入弹匣，而且弹匣不会摇晃（现在Saiga-12也有同样的弹匣插槽）。在导气箍、护木和机匣上有皮卡汀尼导轨，可方便地安装战术灯、瞄准镜等辅助装置。带有导轨的机匣上盖在前端通过铰链固定到机匣上，一般AK式的机匣盖连接方式并不牢固，芬兰还在AK机匣盖上加了瞄准装置。Vepr-12在机匣盖上设置皮卡汀尼导轨，也许是和它的连接方式一样可靠，但也可能是考虑到霰弹枪不需要对远距离目标进行准确射击。至于标准的瞄准具是AK式的。Vepr-12霰弹枪使用专用的8发弹匣，也可以使用Saiga-12弹匣，但是Vepr-12的弹匣不能在Saiga-12上使用。

第二章 雷弹展览

DIERZHANG LEIDAN ZHANLAN

我们平时看到的子弹头多数就一种颜色，但实际上，子弹的颜色有许多种，如绿色、红色、黑色和白色等，这是为什么呢？原来子弹的种类很多，用途也各不相同，为了在战斗中便于区别辨认，制造者一般便在弹头的尖端涂上各种不同的颜色。

10分钟

了解雷弹发展史

▶ 黑火药促使枪弹问世

黑火药就是我们经常说到的火药，它是中国四大发明之一。

火药发明之初并没有被用于军事，而是被用来制造烟花，直到唐朝末年才被用于军事。打仗时，士兵用抛石机向敌人的城墙抛掷火药，火药爆炸所产生的威力会将敌人的城墙摧毁。接着有人利用黑火药制造出了火药箭和火炮。

宋朝时，有个叫陈规的人用长竹竿制造了20条"火枪"，"火枪"能靠火药产生的火焰来灼烧敌人，这时的火药里面常常会携带一些砒霜、巴豆之类的东西。虽然火药得不到完全的燃烧，但总有许多渣滓随着火焰一同喷射出去，而这些渣滓对人体有一定的杀伤力。

到了1232年，金人在和蒙军的交战中，在"火枪"中除了填装火药之外还添加了铁渣和磁末。元朝末年火铳出现后，便主要把火药和铁砂一起装填，然后进行发射。这时，现代枪弹的雏形也就基本形成了。

火 枪

✏ 长形弹丸横空出世

在枪弹问世后的很长一段时间内，弹丸一直是不规则的圆球形，大小也不统一。这样的弹丸严重影响了火枪的射程和射击准确度。后来，枪和弹都被进行了改进，出现了"鸟铳"，它的精确度很高，可以用来瞄准飞鸟。但鸟铳的发射过程很复杂，几分钟才能发射一次，在战场上往往抵挡不住弓箭的攻击。

15世纪末，普鲁士人在枪膛内线上刻了直线槽，还把枪弹外面包上了浸油的麻布，这样就大大提高了枪弹的装填速度。

19世纪，英国人发明了用击锤打击雷汞起爆的点火法，枪弹的装填速度又得到了很大提高。但它有一个致命的弱点，就是它所发射的弹丸都是扁形的，射击精度受到很大影响。

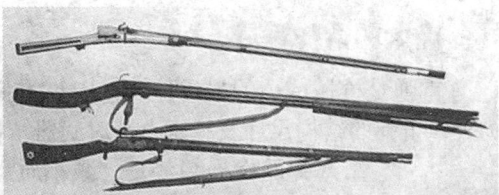

鸟铳

1830年，德尔文发明了长形弹丸，这在枪弹史上具有划时代的意义。长形弹丸较球形弹丸更优越。重量相同时，长形弹丸的直径要比球形弹丸的小得多，它的头部还可做成尖形的，这可减小飞行时的空气阻力，还可大大缩小枪的口径，减轻枪的重量，提高枪的坚固性；长形弹丸同枪膛的接触面积要比球形弹丸大得多，能更好地嵌入膛线，因而可减小膛线的深度。恩格斯高度评价了德尔文的这项杰出发明，他在《步枪史》一文中称德尔文为"现代步枪之父"。

无烟火药在雷弹上的应用

无烟火药发明以前，枪弹使用的发射火药一直都是黑火药。黑火药发射后，会在枪膛中遗留很多火药残渣，很难被擦拭掉。

1884年，法国化学家、工程师P·维埃利将硝化纤维溶解在乙醚和乙醇里，再加入适量的稳定剂，使其成为胶状物，通过压成片状、切条、干燥硬化，制成了世界上第一种无烟火药。这种火药燃烧后不会留下残渣，也不会出现烟雾或者只出现少量烟雾，而且它燃烧所产生的气体压力也远大于黑火药，因此无烟火药很快被用于枪弹的制造之中。无烟火药的使用不仅减少了枪膛内的火药残渣，还大大提高了枪弹的发射速度。

后来，闻名世界的瑞典发明家诺贝尔又合成了巴力斯特无烟火药，英国人也制成了柯达型无烟火药。无烟火药的诞生为弹药枪弹的发展铺平了道路。19世纪90年代初，欧洲国家的军用步枪基本上都使用上了无烟火药枪弹。

黑火药

庞大的雷弹家族

雷弹是枪械威力的最终体现，因为雷弹的性能除直接影响武器的威力外，雷弹的结构尺寸及膛压大小对武器结构同样有很大的影响。目前雷弹的发展趋势是，减小质量、缩小体积、降低成本、改进空气动力性能、提高对软硬目标的效果。

进入20世纪以后，新材料和新工艺的应用是雷弹发展的重要方向，同时枪弹的弹头也在不断地进行着改进，从而便形成了许多各种用途的雷弹。现在常用的枪弹主要有：普通弹、穿甲弹、燃烧弹、曳光弹、爆炸弹、穿甲燃烧弹、燃烧曳光弹、穿甲燃烧曳光弹等等。

另外，西德还研制出一种没有弹壳的无壳弹。无壳弹重量很小，士兵也就可以携带更多的枪弹。无壳化已经成为世界轻武器发展的主要方向之一。

不久的将来，庞大的雷弹家族里必然还会有新的成员加入。

小博士乐园

两弹元勋邓稼先

邓稼先（1924~1986），中国杰出科学家，两弹元勋。他是中国核武器理论研究工作的奠基人之一，参与了原子弹、氢弹原理的突破和试验及其最终的武器化工作，其成果获得了国家自然科学奖一等奖和国家科技进步特等奖，被称为是中国的原子弹之父。

世界
雷弹之最

口径最大和最小的子弹

　　子弹，即枪弹，主要是指步枪、滑膛枪或手枪发射的圆柱形弹。目前世界上口径最大的子弹口径为 25 毫米，是由机关炮使用的高爆子弹改进而来的。使用这种大口径子弹的步枪为美国巴雷特公司正在开发研制的 XM109 "狙击步枪之王"。而在标准制式下，目前世界上口径最小的子弹只有 4.7 毫米。

最早的水雷

　　水雷是布设在水中的一种爆炸性武器，主要用来摧毁敌人的船舰或者阻碍敌人在水上的其他活动。最早的水雷是由中国人发明的。它用木箱作雷壳，油灰粘缝，然后再把黑火药装在木箱里面。敌人舰船来袭时，由人拉火进行引爆。另外，木箱下还有 3 个铁锚，用来控制水雷在水下的深度。当时这种水雷主要用来抵抗侵扰中国沿海地区的倭寇。

最早的地雷

　　地雷是一种布设在地面下或地面上的爆炸性武器，待目标接近时可以自行爆炸，或者由人工操作而爆炸。最早的地雷是由中国明代的兵器制造家发明的，并被大量用于战争。这时的地雷多是用石、陶、铁制成的，将它埋入地下，使用踏发、绊发、

拉发、点发等发火装置引爆，进而达到杀伤敌人的目的。

最早的手榴弹

　　手榴弹是一种用手投掷的弹药。最早的手榴弹出现在中国。宋朝时出现的"火球"，以火药为球心，用多层纸布等裱糊为壳体，再在壳外涂上沥青、松脂、黄蜡等可燃性防潮剂。"火球"点燃后用人力或其他方法抛至敌方，球体便会爆炸，产生很大的破坏力。这种"火球"便是早期的手榴弹。

最早的原子弹

　　原子弹是核武器的一种，靠核裂变或聚变反应释放的能量产生爆炸作用，具有大规模杀伤破坏效果。最早的原子弹出现在美国。1939年，美国政府决定研制原子弹，最终在1945年造出了3颗。这3颗原子弹一颗用于试验，另外的两颗则被投在了日本。

最早的温压炸弹

　　温压炸弹是一种爆炸时能产生持续高温和高压并大量消耗氧气的炸弹。最早的温压炸弹是美国国防部在2002年利用两个月时间研制成功的，并在阿富汗战场进行了成功的运用。温压炸弹在打击坑道和洞穴目标时有着显著的效果，美国海军陆战队还计划利用这种炸弹实现打击城市设施的目的。

和雷弹面对面

子弹

子弹是枪弹的通称，指用枪发射的弹药。无论是什么样式的子弹，它都是由弹丸、药筒（弹壳）、发射药和火帽（底火）4部分构成的。对于子弹来说，无论什么用途，国际上通用的发射药大多为无烟火药。无烟火药可分为：单基、双基、三基，其主要成分为硝化棉，枪械多用单基药。对于不同的枪械用弹有不同的要求，如手枪多采用多孔速燃单基药。步枪为表面采用加光并钝化的单孔颗粒单基药。

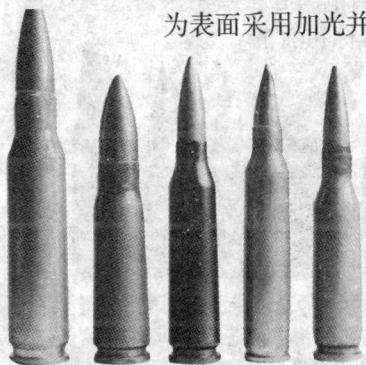

底火是由传火孔、发火砧及击发剂组成。其作用是击发使产生火焰，迅速而准确地点燃发射药。击发时，击发剂受击针与发火砧的冲击而发火，火焰通过传火孔点燃发射药。

当发射时，击针激发火帽（底火），底火迅速燃烧引燃药筒（弹壳）内的发射药，发射药产生瞬燃，同时产生高温和高压，将弹丸（弹头）从药筒内挤出，这时的弹丸在发射药产生的高压的推动下，向前移动，受到膛线的挤压，产生旋转，最终被推出弹膛。

目前流行的军用步枪弹，从左至右依次为俄罗斯5.45×39毫米枪弹、北约5.56×45毫米枪弹、中国5.8×42毫米枪弹、俄罗斯7.62×39毫米枪弹、北约7.62×51毫米枪弹。

子弹的颜色

我们平时看到的子弹头多数就一种颜色。但实际上，子弹的颜色有许多种，如绿色、红色、黑色和白色等。

普通子弹弹头不涂色或涂银色（钢心弹）。它是由铜套包着一个用钢或铅制成的芯，它主要用来杀伤敌人的有生目标。

曙光弹弹头涂有绿色，弹头内前端是铅心，中间有曙光管，管内装有曙光剂，尾部有固定环，可防止曙光剂流出。曙光剂的成分有可燃物、氧化物和粘合剂，所以它在夜间飞行时，后面总是拖着一道亮光。曙光弹主要用以显示弹道、指示目标、修正射击等。

M1908(53式) 7.62×54R 曙光弹

燃烧弹弹头涂有红色，弹头内部前端装有燃烧剂。弹头中间有一个钢芯，后部装有曙光剂。它内藏"火种"，主要用来点燃易燃物质。

穿甲燃烧弹弹头涂有黑色（有的涂黑色加红圈）。它的钢芯是由经过淬火的高碳钢制成的。弹芯外包着铅套。燃烧剂装在弹头内部的前端，现在生产的大多装在弹头的后端。它主要用来射击敌人的轻型装甲目标和油箱。

穿甲燃烧曙光弹弹头涂红色，顶端涂紫色，主要供一些大口径机枪使用。它与燃烧弹的构造基本相同，只是在弹头内的后端装有曙光剂。它聚集了各种枪弹的特长，既能指示弹道，又能穿甲，同时还能纵火，主要用来对空和对远距离的目标射击。

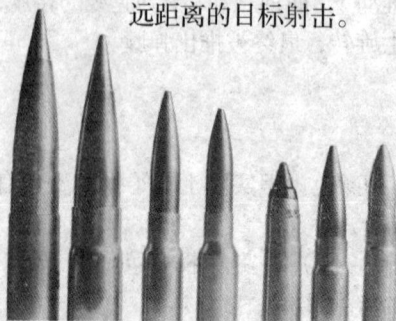

S.M.K.L.穿甲曙光弹的弹底及弹尖

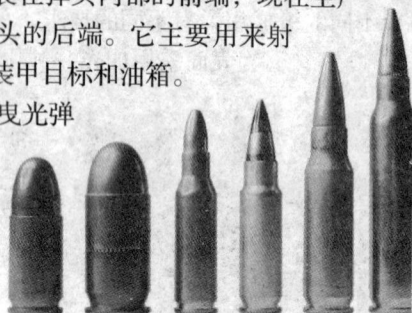

5.56×45毫米枪弹与可配用于单兵自卫武器的各种枪弹对比。从左至右依次为：9毫米枪弹、0.45英寸枪弹、4.6×30毫米枪弹、5.7×28毫米枪弹、6×35毫米枪弹、5.56×45毫米枪弹。

大威力狙击步枪弹。从左至右依次为：7.62×51mm枪弹、0.300英寸温彻斯特－马格努姆枪弹、0.338英寸拉普阿－马格努姆枪弹、0.408英寸Chey－Tac枪弹、0.460英寸斯太尔(Steyr)枪弹、0.50英寸勃朗宁枪弹（装有霍纳蒂A－Max弹头）、0.50英寸勃朗宁枪弹（装有常规的穿甲燃烧曙光弹头）。

瞬爆弹弹头涂白色，弹头中部装有炸药，炸药前部装有弹帽、侵彻管和雷管，在炸药后边装有曳光管。它是大口径机枪弹，用于对空射击。

手榴弹

手榴弹是一种传统的陆战兵器，具有体积小、重量轻、威力大、使用方便的特点，常用于杀伤三四十米内的小群有生目标。手榴弹按引信发火方式可分为：拉发式、击发式、瞬发式、碰炸式和碰炸延期式，按照用途可分为：杀伤手榴弹、反坦克手榴弹和特种手榴弹三类。

杀伤手榴弹主要用于杀伤有生目标，通常可分为两种：一种是破片型手榴弹，主要用破片杀伤有生目标，具有震慑破坏作用。一般全弹重300~600克，有的则重达1000克左右，破片数量为300~1000片，最多可达5000片以上，引信延时3~5秒，杀伤半径5~15米。另一种是爆破型手榴弹，主要靠爆轰作用杀伤敌人，一般全弹重100~400克，引信延时4秒左右。

反坦克手榴弹

反坦克手榴弹又称反坦克手雷，是一种轻型反坦克武器，它分两种类型：一类是磁性手雷，使用时将延期点火药引燃，扔向来袭坦克的前甲、侧甲或任何装甲薄弱部位，手雷通过磁铁紧紧地吸在坦克上，爆炸后通过破甲射流击穿甲板，杀伤坦克内的乘员。也可在坦克开过来时，扔在其前方或埋于地下，待其开至手雷上方时磁铁吸起，炸毁其底装甲。

除磁性手雷外，还有一种黏性手雷，它是通过内装的铝热剂燃烧后所释放的热能，将黏性树脂熔化，从而将手雷牢牢地黏于坦克甲板上。这种手雷可穿透一百多毫米厚的装甲，通常坦克顶部、腹部装甲都在50毫米以下，所以这种小玩意儿只要运用得当，其作战效能还是不可低估的。

子孙满堂的榴弹

榴弹，也叫开花弹，它在炮弹家族里是出现最早、使用最久、"子孙"最多的弹种。

根据榴弹的结构和作用，人们把它分为杀伤弹、爆破弹和杀伤爆破弹三种类型。

杀伤弹主要是通过炸药爆炸而形成的碎片来杀伤敌人的。它的结构特点是弹体较厚，多是用高碳钢或强度较高的钢制成，再给炸药配上瞬发引信，可保证榴弹在着地时瞬间爆炸，以形成大量的高速碎片来实现杀伤力。杀伤弹还常采用跳弹射击办法，配上延期引信，让弹丸着地后再跳到空中爆炸，使躲藏在堑壕里的敌人难以防备。

爆破弹是利用弹丸爆炸后产生的巨大冲击波来毁坏目标的。这种弹的特点是炸药比较多，弹体圆柱部较长，弹壳较薄，并多用好钢制成。

枪挂式榴弹发射器

为了有效地摧毁敌人的土木工事，通常给它配上"短延期"引信，使其撞击工事后不致立即爆炸，而是钻入工事一定深度再爆炸。这样，炸药的能量就能得到充分的利用，破坏效果就大得多。

杀伤爆破弹既有杀伤作用，又有爆破作用，可以一弹两用。为了增大杀伤效果，现代某些杀伤榴弹的弹内装有数千颗小钢珠、小钢箭和小钢柱，这些榴弹的杀伤碎片多，杀伤面积大。现代榴弹不仅威力大，而且射程也远，有的甚至达到四五十千米。

美国通用动力公司的25mm先进班组支援武器配用的榴弹，型号为XM1050-TP，"TP"意为"目标训练弹"。

美国通用动力公司的25mm先进班组支援武器配用的榴弹，型号XM1051 TP-S，"TP-S"意为"目标训练指示弹"。

达姆弹

达姆弹原来是指印度一个叫达姆的兵工厂生产的一种特殊子弹，其特点是弹头的铜皮并没有完全包覆弹头尖，让铅芯外露，使其在击中人体后会膨胀翻滚，

以色列军侦察枪榴弹

增加杀伤力。后来"达姆弹"被引申为所有入身变形子弹的总称,它包括:一、软弹头,如白银弹和裸铅弹,这类弹头击入目标体内后更容易变形翻搅;二、中空弹头,就是在弹头前端加开十字沟槽,成为开花弹,使弹头击入目标体内后除翻搅外,还造成更严重的割裂伤,如铜皮铅

达姆弹

芯空头弹会炸裂成蘑菇状,而裸铅空头弹更是会完全炸裂开来,化成碎片镶嵌在人体组织中;三、爆炸弹头,中空弹头内藏引信和火药,击入目标体内后会爆炸。1899 年,海牙公约明文禁止在战争中使用这类弹头,只允许其用于狩猎,可屡禁不止。

破甲弹和碎甲弹

"破"与"碎"是近义词,但是破甲弹和碎甲弹却不是一对孪生兄弟。

破甲弹依靠强大的金属射流,像高压水龙喷射土墙一样,将厚厚的装甲熔化,破孔而入,直捣坦克的"心脏"。因此,它不在乎弹丸的飞行速度和飞行距离,只要命中装甲,便可充分显示它的穿透威力。

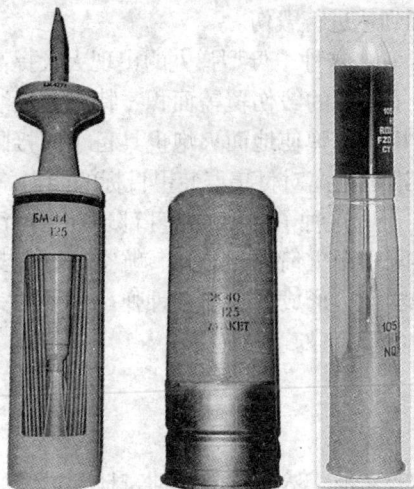

穿甲弹   碎甲弹

碎甲弹却不同,它里面装的是塑性炸药,只要弹丸命中坦克,薄薄的弹壳在巨大的冲击力作用下变形或破碎,里面的塑性炸药像膏药一样紧紧粘贴在装甲表面,既不破碎,也不飞散。在延时引信的作用下,粘贴在装甲外面的炸药爆炸,产生的冲击波以强大的压力作用在装甲上,巨大的力传递到装甲内层,犹如用锤子敲打墙壁,墙壁未穿透,背面的墙皮却一块块剥落一样,致使内壁

崩落一块几千克重的蝶形碎片和数十块小碎片。这些碎片在坦克里四处飞溅，将乘员杀伤，设备击坏，外形完好的"乌龟壳"再也无法动弹。

子母型炮弹

随着火炮射程的增加靠单发弹丸命中目标的可能性越来越小，为此美国研制了可携带多个子弹丸的子母型炮弹。如美国的1发155毫米炮弹内就可装88个子弹丸，1发203毫米的炮弹内可装110个子弹丸。如果子弹丸是

中国"飞豹"战斗机抛撒子母弹

杀伤有生力量的，称为杀伤子母弹；如果子弹丸是反装甲目标的，称为反装甲子母弹；如果装的是杀伤小地雷的，就称为反装甲布雷子母弹。

子母型炮弹是70年代后出现的，这种子母弹型的炮弹，外形和普通炮弹一样，火炮不需做任何改变。和发射普通炮弹时一样，先将其发射到预定攻击目标的上方，母弹上的时间引信使母弹开舱，并将子弹由母弹底部推出，每个小子弹丸按自由落体方式下落，每个小子弹丸上各带有一个能引爆的引信，子弹落在目标上（坦克顶装甲或地面）起爆，对目标进行毁伤。如果是小地雷，则落于地面等待目标到达进行毁伤。

欧洲直升机公司的"虎"式武装直升机撒播子母弹。

这种子母型弹丸的出现大大提高了弹丸的毁伤覆盖面积，特别是反装甲子母弹使地面火炮也具备了间接瞄准远距离对付集群装甲目标的能力。

这种子母型的战斗部现在已广泛配用于火箭弹、导弹、航空炸弹等兵器上，形成了当前各种弹药发展的一个新趋势。

火箭弹

一枚小小的火箭弹直径不过几十毫米，然而它却能神奇地穿过厚厚的装甲，成为坦克和装甲战斗车的"克星"。

火箭弹之所以能够穿甲如穿纸，主要是它的特殊装药决定的。火箭弹体内装的是黑索金炸药，爆炸速度极高，竟能超过第一宇宙速度，达到8471米/秒左右。炸药表面有一层金属罩，罩内药芯呈锥(zhuī)孔形状。当火箭弹命中装甲目标之后，给装甲留下的痕迹只不过是一个极常见的小弹窝，然而这并不算完，绝招还在后面。当弹头引信靠惯性引爆炸药后，瞬时便在小弹窝周围形成十几万个大气压的力量，并迅速形成几

RPG-29反坦克火箭筒

千摄氏度的高压定向集束气流。别小看这股气流，其速度每秒可达几千米。厚厚的装甲在这股集束流的冲击下，就像土堤坝遇上了高压水龙的冲击一样无奈，顷刻之间就熔化，随之形成一个比火箭弹直径大好几倍的窟窿。

火箭弹穿透装甲后，在集束气流的继续作用下，带动金属液体向前喷射。此时，坦克或装甲战斗车内的人员已束手无策，被冲进来的高压高温气流和金属液体杀伤，从而丧失了战斗能力。

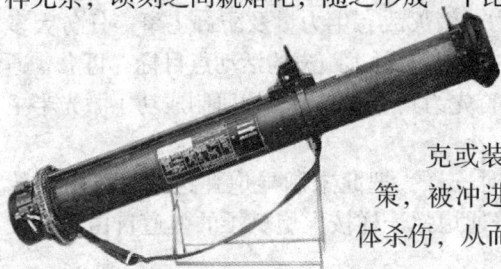

全球最畅销的RPG-26火箭筒

RPG-26式72.5毫米火箭筒是一种典型的单兵便携式反装甲武器，1986年装备部队。RPG-26式所使用的破甲火箭弹弹长640毫米、弹径72.5毫米、弹重1.8千克。整个火箭筒长770毫米，重2.9千克。它有效射程250米，垂直破甲达500毫米。它携带方便，操作简单，杀伤力强，在许多地区广受欢迎。

航空火箭弹

航空火箭弹也称"航空火箭"，是从悬挂在机身或机翼下面的发射器发射的以火箭发动机为动力的非制导武器。

与航空机炮相比，航空火箭弹的射程远、口径大、威力大，在现代进攻作战中可发挥很大的作用。

小博士乐园

中国十六元帅之刘伯承

　　刘伯承（1892~1986），中华人民共和国元帅，中国人民解放军创始人和领导人，现代军事家。1911年参加辛亥革命，参加过南昌起义，先后任过中央红军总参谋长、八路军一二九师师长、第二野战军司令员、中央军委副主席等职。他对中国革命军队的建立和壮大，对革命战争的胜利和新中国的成立，对我军向正规化现代化的迈进都作出了不朽的贡献。

末制导炮弹

　　火炮要想摧毁敌方的目标靠的是发射出去的炮弹，火炮要对付各种各样的目标，完成各种不同的作战任务就要发射各种不同作用的炮弹。

　　火炮要完成压制敌人火力、消灭敌有生力量及防御工事等任务大多使用起杀伤爆破作用的榴弹。如果要对付远距离的活动点目标，再靠普通炮弹就束手无策了，于是美国首先为其155毫米火炮研制成功了激光半主动末制导炮弹——"铜斑蛇"。

　　火炮就像发射普通炮弹时一样，把此末制导炮弹送到目标附近的上空，此时飞行的炮弹就和普通炮弹一样按火炮赋予的弹道自由飞行没

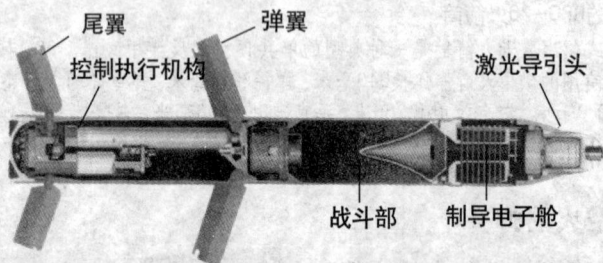

美国155毫米"铜斑蛇"末制导炮弹

　　"铜斑蛇"炮弹由155毫米榴弹炮发射，采用激光半主动寻的制导方式，是世界上最早的末制导炮弹，主要用于攻击集群坦克或装甲目标。全套武器系统由火炮、制导炮弹和激光指示器等组成。炮弹全长1.372米，弹径155毫米，弹重62千克，战斗部为6.4千克。最大射程20千米，最小射程4千米，最大飞行速度每秒600米。改进后的"铜斑蛇"155毫米末制导炮弹射程已由16千米提高到25千米，制导方式由激光制导改为红外成像/激光半主动复合制导。

有任何制导，只是在靠近目标一定范围内，接收到来自目标反射的激光信号时才开始制导飞行直至命中目标。因为此炮弹是在弹道飞行的末段开始制导的，故简称末制导炮弹。目标反射的激光信号并不是炮弹上主动发射的，而是靠另外一个激光目标指示器照射到目标上的，所以称为半主动。

此种末制导炮弹集中了火炮初速高、飞行时间短、弹丸飞行的大部分时间无制导靠自然弹道飞行而不会受到外来干扰、导弹能改变飞行弹道追踪目标以及命中精度高等优点。

"神剑"制导炮弹

2006年9月，雷声导弹系统公司和BAE系统博福斯公司"神剑"制导炮弹项目团队向美国陆军交付首批生产型155毫米GPS制导"神剑"炮弹，这标志着此项目工作从研发测试转向产品测试和用户认证阶段。

"神剑"是世界上第一个自主精确制导炮弹，将为陆军及海军士兵提供空前精确的火力支持。由于精确度和效能的提高，"神剑"炮弹具有灵活的操作性并降低了后勤负担。此外，凭借其提高的精度、近乎垂直的打击及优化的破片杀伤模式同时降低了附带损伤。

俄罗斯"红土地"152毫米激光半主动制导炮弹

发射时先由前沿观察员在距目标约5千米处搜索发现目标，用无线电通信通知射击阵地。炮手向目标作间接瞄准，在炮弹距目标约3千米处(距目标10秒左右)由同步器启动激光目标指示器照射目标，不断跟踪从目标反射的激光编码信号，自动导向目标。该炮弹射程3~20千米，命中概率90%，对坦克目标的照射距离5千米以内，照射持续时间6~15秒。炮弹采用火箭增程。

🔍 温压炸弹

温压炸弹是根据油气炸药原理制造而成，在爆炸后消耗空气中的氧气，从而使周围的所有生物因窒息而死亡。该炸弹内装满极易燃烧的碳氢燃料液化气，在爆炸后，在空气中形成直径约18米、厚度仅3厘米的蘑菇云。在此之后，蘑菇云使碳氢燃料液化气与空气中的氧气发生剧烈化学反应，导致周围的生物因缺氧而窒息死亡。此外，爆炸还形成巨大的冲击波，足以摧毁建筑物、掩体、人员和武器装备如飞机、坦克、火炮和导弹发射装置等，还可引爆地雷，为陆军的进攻开辟安全通道。同时，爆炸点高度的不同，其作用范围和杀伤力也不尽相同。一般来讲，炸弹在500米高度爆炸，其有效范围可达1～3平方千米。有报道称，美军曾于2002年3月在阿富汗战场上使用过一次，用于打击加德兹地区藏在山洞中的塔利班和"基地"组织成员。

📦 无壳弹

如有机会参观新型武器展览时，定会在琳琅满目的枪支弹药中发现有一种子弹赤身裸体没有弹壳，这就是新制造出来的无壳弹。

无壳弹是把能够燃烧的一种粘合剂和发射药粘合在一起，按照专用发射的口径压成一个牢固的圆柱体。圆柱体前端嵌有子弹头，后端装上底火，便制成了不用弹壳的子弹。由于这种特殊子弹没有弹壳，所以底火的工作形式也有所不同。除了用传统的击针发火针，还可以采用电引燃型底火、气引燃型底火，利用击发时产生的电弧和高温，引燃药柱，迅速膨胀的高压气体将子弹头推出枪膛。

德国G11
无壳弹步枪

口径：4.7毫米
全长：750毫米
弹容：50发
射程：300～500米

德国G11无壳弹步枪

　　人们之所以如此重视无壳弹的研究，是因为这种子弹的最大优点是重量轻，单兵携带量可大幅度增加。100发无壳弹，大约只相当于20发常规子弹的重量。这无形中提高了单兵的持续作战能力。同时，由于无壳弹射击时省掉了抽壳的过程，枪支的结构也可以作相应的简化，一次装弹完毕，完全封闭机匣，防止沙尘微粒进入弹膛，有利于延长枪支的使用寿命。此外，无壳弹的生产还可以节省大量的金属，简化一些生产程序，可称得上使用和制造两方便。一些专家认为，如果无壳弹能在现有基础上，对燃烧、防水、抗高温等性能方面作进一步提高，有朝一日会完全取代有壳弹。

集束炸弹

　　集束炸弹出现于第二次世界大战，但从60年代才得到真正发展。集束炸弹可将自身携载的数十枚或数百枚子炸弹，撒布成均匀分布的椭圆形来覆盖目标区从而补偿瞄准误差，因而特别适用于攻击集群目标。在攻击

英国空军的BL755空射集束武器

CBU—97传感器引爆武器（SFW）集束炸弹

　　CBU—97集束炸弹是美国空军智能化程度最高的1000磅级空中撒布型集束炸弹，它能对方圆1500英尺的范围展开搜寻，彻底清除目标范围内的坦克、军车和碉堡。

　　CBU—97就像航天飞机的反向发射一样。有具备锁定敌人目标位置并跟踪的智能双向飞碟，能大大降低平民伤亡。

　　美军在2003年3月入侵伊拉克的行动中第一次使用了CBU—97传感器引爆武器（SFW）集束炸弹。

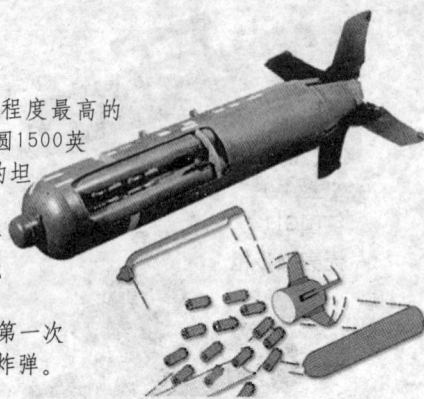

坦克、车辆、机场、交通枢纽以及大面积的目标时具有良好的效果。

　　1982年，以色列空军在黎巴嫩境内使用这种反装甲子母弹，使叙军两百多辆坦克丧失作战能力，震惊了世界。

　　集束炸弹大致可分为捆扎式和弹箱式两大类。捆扎式集束炸弹是用金属带将若干子炸弹捆扎在弹架上，投弹后，弹捆打开，子炸弹散向目标；弹箱式集束炸弹是将子炸弹装在弹箱内投放，到目标上空时，子炸弹分散落下，这种弹箱又称子母弹箱。弹箱又有一次使用和多次使用两种类型。

美国GBU—28"宝石路"Ⅲ激光制导炸弹

　　GBU—28属于美国"宝石路"Ⅲ激光制导炸弹系列。弹体分为3大部分——制导舱、战斗部舱、尾舱。其中，制导舱主要由激光导引头、探测器、计算机等组成。它和尾舱中的控制尾翼一起，共同控制炸弹命中目标。GBU—28全重达2.3吨，最大直径约440毫米，长约5.84米，炸弹内装填了306千克高爆炸药。

　　GBU—28激光制导炸弹是"宝石路"GBU—24激光制导炸弹的改进型，采用B、C两种热寻的延迟引信。此种炸弹头接触地面后引信不爆炸，而是钻入地下，当遇

F—15E空投GBU—12

到混凝土时，B引信引爆，炸开一个洞后继续往下钻；遇到钢板加固物质时，受地下掩体的热辐射，C引信爆炸；钻透钢板后，最后在地下掩体内爆炸。

这种钻地炸弹主要分2000磅和5000磅两种，可由F－15E、F－111F等飞机投掷。其中5000磅的GBU－28炸弹长5.85米，带弹翼直径4.47米，投掷距离5千米。作战使用时，攻击飞机必须与本机/他机/地面的激光照射器配合工作。GBU－28/B可穿透30米厚的土地或6米厚的加固混凝土。

末敏弹

末敏弹是一种新型的遥感反装甲子母弹。一枚末敏弹可携带数枚子弹，所以它可以同时命中几辆坦克。如果是连续发射数枚，则可有效地摧毁一个坦克群，其反坦克能力比其他子母弹约高20倍。

"萨达姆"末敏弹

"萨达姆"末敏弹是美陆军炮兵部队第一种"发射后不用管"的多探测头子母炮弹，它通过飞机、导弹、火炮和弹药撒布器等投射工具投送到目标区上空，再使用自身的探测装置搜索、攻击目标。伊拉克战争中，"萨达姆"弹第一次投入使用，该弹可由任何一种型号的155毫米榴弹炮发射，每枚母弹中有两枚子弹，主要用于压制敌炮兵火力、打击敌装甲和防空等目标，准确性极高。在1994年4月的一次测试中，所发射的13发"萨达姆"末敏弹，竟有11发准确地击中了15千米外的目标。

🔍 "炸弹之王"——BLU-82炸弹

BLU-82 为超大型炸弹，在普通炸弹中当量最高，美军内部称其为"突击天穹"，也被称为"炸弹之王"，是除核武器以外破坏力最大的常规兵器。BLU-82 重量为 15000 磅（1 磅 =0.4536 千克），弹头当量 126000 磅，其重量是轰炸机所能携带最大炸弹 GBU-28(掩体巨弹、重 5000 磅) 的 3 倍多。由于重量太大，外形又不规范，因此，B-1、B-52 等战略轰炸机均无法携带投放，只能用 MC-130 运输机空投。BLU-82 在越南战场上首次使用，在"沙漠风暴"行动期间，美军也投下了 11 枚"炸弹之王"，旨在清除伊军设置的雷场，同时也产生巨大的威慑作用。2001 年 11 月 4 日，美国空军在阿富汗也投下了"炸弹之王"。

📦 炸弹之母——巨型钻地弹

美军的"炸弹之母"是一种通过卫星制导的空投精确打击武器，此前被认为是地球上威力最大的常规炸弹。这种武器在 2003 年伊拉克战争爆发前公开亮相，但并无机会接受实战考验。同俄罗斯的"炸弹之父"一样，美军的"炸弹之母"能有效杀伤隐藏在大楼、坑道或者掩体内部的敌方作战人员。

在俄罗斯推出"炸弹之父"之前，美国还曾成功试爆"炸弹之母"的姐妹产品"巨型钻地弹"。专家认为，这种武器以其庞大的重量和惊人的破坏力登上美军常

规炸弹之王的宝座。"巨型钻地弹"由美国波音公司幻影工作室负责研制，可由 B-52 战略轰炸机携带升空，其主要打击对象为隐藏在地下的各类敌方坚固掩体。

西方武器专家指出，美军研制的各类"巨型炸弹姐妹"，由于数量有限，因此其宣传意义远高于实战价值。比如，"炸弹之母"起到了震慑前萨达姆政权军心之目的。由于美军现有的各类小型穿地弹对伊朗掩体无法构成威胁，因此"巨型钻地弹"意在提醒伊朗，不要认为将其核设施隐藏在地下掩体中就能躲过美军空袭。

贫铀弹

铀 (yóu)235 和铀 238 是铀元素的两种主要的同位素。铀 235 是制造原子弹和核反应堆的主要原料，人们在生产铀 235 时，同时也产生了铀238。以前，人们觉得铀 238 没有什么用处，于是就把它叫做贫铀。为了防止它造成放射性污染，在相当长一段时间里，铀 238 被人们当作核废料处理。

后来，美国人利用铀 238 具有高密度、高强度、高韧性的特点，制造了贫铀穿甲弹，简称贫铀弹，具有很强的穿甲能力。

贫铀弹的威力很大，当它击中坦克等装甲车辆后，由于撞击能产生高温，因此可以引发铀燃烧，进而产生更高的温度，软化装甲车辆的装甲，降低装甲的强度，使穿甲弹破甲而入。同时，铀燃烧时产生的大量云雾状氧化铀尘埃还会沾染坦克等装甲车辆的表面，形成放射性污染源，对敌人造成放射性杀伤。

A10攻击机和贫铀穿甲弹

美国研制的含铀238的小口径智能自导弹头

反步兵地雷

反步兵地雷又称杀伤地雷，是一种埋设于地下或布设于地面，通过目标作用或人为操纵起爆的一种对付软目标的爆炸性武器。反步兵地雷专门用来杀伤人员、马匹等有生力量，其杀伤作用主要是靠冲击波和破片来完成。按杀伤方式的不同，可分为爆破型和破片型两种。

爆破型是以其爆炸后产生的强大冲击波来杀伤人员等有生力量的，它一般采用压发引信，多埋设于地下。设置于地面的压发式爆破地雷多置于杂草或树林中。

破片型地雷根据其爆炸形式可分三种类型：定向爆炸、地面爆炸和跳起爆炸。

中国反履带地雷

除上述地雷外，能有效杀伤人员等有生力量的地雷还有一种诡雷。所谓诡雷，就是通过诱惑、欺骗、激怒等诡计多端的形式，设置各种地雷，以达到杀伤有生力量之目的。诡雷的诡计有的是将地雷做成多种不同形式，有的是巧妙地设置引信，引诱或激怒敌人，使之触而起爆。

此外，反步兵地雷还有空投碎片杀伤型地雷，如美军的 M83 型蝴蝶雷重约 1.72 千克，杀伤半径可达 15～20 米，破片的最远飞散距离可达 150～200 米，可采用机械、触发、空炸、定时等多种引信。

反坦克地雷

反坦克地雷是用来炸毁坦克、装甲车、步兵战车、装甲汽车，自行火炮等装甲目标的一种地雷。按用途不同，可分为反履带地雷、反车底地雷和反侧甲地雷等。

反坦克地雷结构示意图

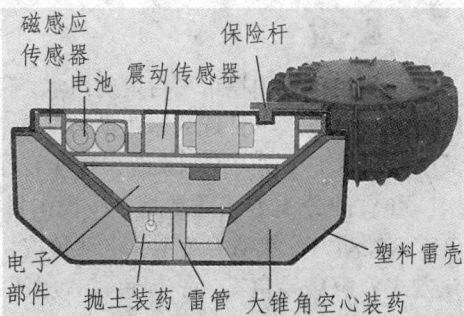

磁感应
传感器　　保险杆
电池　震动传感器

电子
部件　抛土装药　雷管　大锥角空心装药　塑料雷壳

炸履带棒
状地雷
炸履带压
发地雷　　反履带反车底
　　　　　两用地雷

路旁反侧甲地雷

反坦克地雷的各种类型

反履带地雷

　　炸"脚"的反履带地雷，是最早出现的一种反坦克地雷，一般又重又大，早期的重约14千克，后减轻至8千克左右，直径多在300毫米以上。这种地雷必须是坦克轧上后起爆，并靠雷体炸药炸断坦克履带，使坦克暂时丧失机动能力，威力显得不足。

　　炸"脚"破"肚"兼有的反履带反车底两用地雷，即全宽度底部攻击地雷，它的出现使地雷的防御范围得到扩展。其特点是利用热(红外线)、磁、声或振动电子传感器探测目标和起爆地雷，利用大锥角装药实施攻击。

🔍 水 雷

　　水雷是一种传统的水中兵器，其主要特点是：结构简单、使用方便、可用多种平台进行布放；隐蔽性好，易布难扫，可对敌形成长期威胁；破坏力大，费效比高，是一种理想的攻防型兵器。其主要缺点是：除特种水雷外，一般漂雷、锚雷和沉底雷只能预先布设，待机歼敌，具有较大的被动性；除现代水雷外，绝大多数水雷无制导系统和信号分析及识别装置，因此无法识别敌我，有时在封锁和迟滞敌舰艇行动的同时也限制了己方海军兵力的机动；水雷布放和使用受水域自然条件的影响较大，有些水雷往往因水域环境不适而无法布设。

"石鱼"沉底水雷

　　英国的"石鱼"沉底水雷，总重为990千克，装药量分别为750千克和600千克，可以空投，亦可潜布和舰布。

鱼雷

鱼雷是一种由携带平台发射入水，能自动推进、导引，用以攻击水面或水下目标的水中武器。鱼雷由雷头、动力系统、深度控制系统、航向控制系统、自导装置和线导系统组成。

鱼雷的分类方法通常是：按攻击目标分反舰鱼雷和反潜鱼雷；按动力分热动力鱼雷、电动鱼雷和火箭助飞鱼雷；按制导方式分声自导鱼雷、线导鱼雷、尾流自导鱼雷和复合制导鱼雷；按发射平台分舰用鱼雷、潜用鱼雷和航空鱼雷；按直径大小分大型鱼雷、中型鱼雷和小型鱼雷；按装药分常规装药鱼雷和核装药鱼雷等。鱼雷破坏威力大，隐蔽性较好，抗干扰能力较强。

日本91式空投鱼雷

鱼雷的弱点是速度较低、射程较近。由于水中阻力比空气中阻力大得多，因此，鱼雷要克服水的阻力，这样速度比炮弹和导弹要小，而且航程也受到限制，发射距离较近。由于鱼雷速度低，目标较易规避。另外由于发射距离近，其运载平台受敌火力威胁较大。

吊装鱼6线导鱼雷

威力巨大的原子弹

1945年8月6日，美国在日本广岛上空投下了一枚小小的原子弹，使这个二十多万人的城市转眼之间变成了废墟。三天以后，日本长崎也被

小博士乐园

中国十大元帅之彭德怀

彭德怀（1898～1974），中国十大开国元帅之一。中国无产阶级的革命家、军事家、政治家。他在中国革命的低潮时期加入了中国共产党，参加过长征、指挥了百团大战、更是抗美援朝的总指挥。毛泽东曾写诗赞扬他："山高路远坑深，大军纵横驰奔，谁敢横刀立马，唯我彭大将军。"

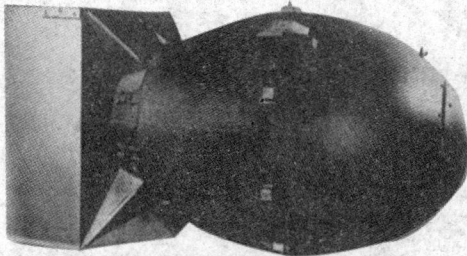

投到日本长崎的原子弹"胖子"

美国的原子弹摧毁。据有关资料记载，广岛24.5万人中死伤、失踪超过20万人，长崎23万人中死伤、失踪近15万人，两个城市被毁坏的程度达60～80％。这说明，原子弹的杀伤力巨大。

原子弹主要由核装料、炸药、中子源和起爆装置点火，引起各炸药块同时爆炸，产生很大压力，并迅速向中心挤压，使核装料很快合拢到一起，在中子的作用下，引起链式反应，瞬间产生了几千万度的高温和几百万个大气压，从而引起猛烈的爆炸。原子弹的爆炸方式分为地面、水面、空中、地下、水下爆炸。地面爆炸适用于破坏坚固的地下和地面目标。水面爆炸主要用于破坏水面舰艇、港口等目标。空中爆炸又分低空、中空、高空和超高空爆炸。低空爆炸适用于破坏较坚固的地面和浅地下目标；中空爆炸用于杀伤地面上的暴露人员和破坏不太坚固的地面目标；高空爆炸用于大面积杀伤地面上暴露人员和破坏脆弱目标。超高空爆炸用于拦截战略导弹和击毁机群。地下爆炸主要用于破坏地下重要的工程设施，或阻塞关卡、隘路。水下爆炸主要用

"枪法"原子弹结构原理图

原子弹外壳
烈性炸药
导向槽
雷管
圆柱形铀块
球形铀块
中子反射层

核裂变示意图

一个原子核可以裂变成无数个原子，同时释放出巨大能量。

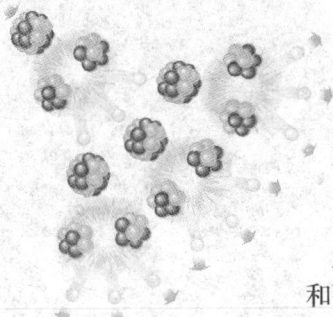

于破坏水下、水面舰艇和水中设施。

原子弹的杀伤力之所以比普通炸弹大，是因为普通炸弹的威力主要是高温灼伤和弹片击伤，而原子弹能产生五种杀伤力，即光辐射、冲击波、早期核辐射、电磁脉冲、放射性污染等。这些因素都具有极强的杀伤力，而且范围可到达30千米以外。

比原子弹威力还大的氢弹

1952 年 11 月 1 日，美国在太平洋埃卢盖拉布小岛上，成功爆炸了一颗试验性氢弹，威力相当于 1040 万吨炸药。1961 年 10 月 30 日，前苏联在新地岛上 4000 米的高空爆炸了一颗当量为 5800 万吨的氢弹，这是世界上最大的一次核爆炸。

氢弹，是利用氢原子核聚变反应所放出的巨大能量而起杀伤破坏作用的爆炸性武器。因为氢原子核需要在极高的温度下才能发生聚变，所以，氢弹也叫热核武器。氢弹主要由热核材料、引爆原子弹和弹壳等组成。氢弹的爆炸过程，等于原子弹爆炸过程与氢核聚变的过程的总和，因此，它的威力比原子弹还大。

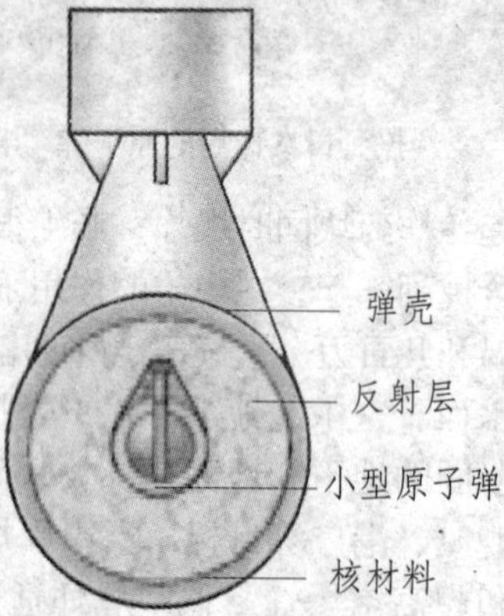

弹壳
反射层
小型原子弹
核材料

氢弹内部构造示意图

第三章 火炮集群

DISANZHANG HUOPAO JIQUN

在现代立体化战争中，火力仍然是战斗力的核心。火炮——战场上的活力骨干，以其火力强、灵活可靠、经济性和通用性好等优点，已成为战斗行动的主要内容和左右战场形势的重要因素。

10分钟 了解火炮

🔍 最古老的火炮——火铳(chòng)

火铳是中国元代和明代前期对金属管形射击火器的通称，有时又称火筒，是依据南宋火枪尤其是"突火枪"的发射原理制成的。

火铳通常分为：单兵用的手铳、城防和水战用的大碗口铳、盏口铳和多管铳等。火铳是中国古代第一代金属管形射击火器，它的出现，使火器的发展进入一个崭新的阶段。

迄今为止，世界上发现最早的火铳是中国"元大德二年"的火铳。现存于内蒙古蒙元文化博物馆。这个火铳用铜铸造而成，呈紫铜色，表面略有绿色铜锈。铳体坚固，重6210克，全长34.7厘米。铳身竖刻有两行八思巴字铭文，这一文字为元代官方文字。经专家初步认定，这件火铳制造时间为"元大德二年"（1298年）。由编号"数整八十"可知当时火铳的制造和使用都有了一定规模。

这件火铳是1987年7月在内蒙古锡林郭勒盟正蓝旗达特淖日地区的一个牧民院落内偶然发现的，2004年被多方相关学者共同认定为世界上最早的火炮。

📇 火炮在欧洲的发展

中国的火药和火器西传以后，火炮在欧洲开始发展。14世纪上半叶，欧洲制造出发射石弹的火炮。16世纪中叶，欧洲出现了口径较小的青铜长管炮和熟铁锻成的长管炮，代替了以前的火炮（一种大口径短管炮）。还结合了车辆使用，便于快速行动和通过起伏地。16世纪末，出现了将子弹或金属碎片装在铁筒内制成的霰弹，用于杀伤人马。1600年前后，一些国家开始用药包式发射炸药，提高了发射速度和射击精度。1697年，欧洲用装满火药的管子代替点火孔内的散装火药，简化了瞄准和装填过程。

18世纪中叶，英法等国经多次试验，统一了火炮口径，使火炮各部分的金属重量比例更为恰当，还出现了用来测定炮弹初速的弹道摆。

1846年，意大利G·卡瓦利少校制成了螺旋线膛炮，发射锥头柱体长形爆炸弹。螺旋膛线使弹丸旋转，飞行稳定，提高了火炮威力和射击精度，增大了火炮射程。线膛炮的采用是火炮结构上的一次重大变革，直到现在，线膛炮身还被广泛而有效地使用。滑膛炮身还为迫击炮等来用。

1897年，法国制造了装有反后坐装置的75毫米野战炮，弹性炮架火炮发时，因反后坐装置的缓冲，作用在炮架上的力大为减小，火炮重量得以减轻，发射时火炮不致移位，发射速度得到提高，这是火炮发展史上的一个重大突破。

20世纪30年代，火炮性能进一步改善。通过改进，轻榴弹炮射程增大到12公里左右，重榴弹炮增大到15公里左右，150毫米加农炮增大到20～25公里，火炮的威力也比以前更大。

威力强大的现代火炮

第一门具有现代反后坐装置的火炮，是由德维尔将军、德波渔产上校和里马伊奥上尉3人组成的法国炮兵研制小组于1897年发明的75毫米野战炮。这门火炮所采用的反后坐原理本是德国人豪森内研究发明的专利，但德国军队拒绝采用这一专利。法国于1894年从豪森内手里购买了这项专利，并根据它研制了具有液压气动式装置的炮架，称之为弹性炮架。炮身安装在弹性炮架上，可大大缓冲发射时的后坐力，使火炮不致移位，使发射速度和精度得到提高，并使火炮的重量得以

小博士乐园

传奇人物艾森豪威尔

艾森豪威尔（1890～1969），美国第三十四任总统，格兰特之后第二位职业军人出身的总统。他绝对是一个传奇人物，在他的一生之中有着许多个第一：晋升五星上将"第一快"、出身"第一穷"、美军统帅最大战役行动的第一人、第一个担任北大西洋公约组织盟军最高统帅、美军退役高级将领担任哥伦比亚大学校长第一人，另外他还是美军历史上唯一一位当上总统的五星上将。

减轻。弹性炮架的采用缓和了增大火炮威力与提高机动性的矛盾，并使火炮的基本结构趋于完善。75毫米野战炮已初步具备了现代火炮的基本结构，这是火炮发展过程中划时代的突破。

1914年9月，在第一次世界大战的马恩河战役中，法军炮兵用75毫米野战炮猛轰德军，使其伤亡惨重，为法国的胜利做出重大贡献。法国买来德国人的先进发明专利，又对德国人进行保密和欺骗，还反过来打击德国人。这对德国人来说，真是具有讽刺意味的惨痛教训。

19世纪末，各国炮兵相继采用缠丝炮管、筒紧炮管、强度较高的炮钢和无烟火药，提高了火炮性能。采用猛炸药的复合引信，增大弹丸重量，提高了榴弹的破片杀伤力。20世纪初，火炮还广泛采用了瞄准镜、测角器和引信装定机等仪器装置，由此进入了现代火炮的时代。

世界 火炮之最

最大的火炮

世界上最大的火炮是德国的多拉炮，全炮约长 43 米，宽 7 米，高 11.6 米，有 15 层楼那么高。该炮的炮弹也大的惊人，足有 7 吨多重。"大多拉"作为德军最高统帅部的王牌，直接操作大炮的士兵多达 1400 多名，再加上两个担任防空任务的高炮团、警卫人员、维修保养人员，共需 4000 多人。仅安装好这座巨炮就需要 1500 人至少忙上整整 3 个星期。

最重的火炮

世界上最重的火炮是纳粹德国在 1942 年制造的"多拉"铁道炮，重达 1329 吨，起落部分重 400 吨，所使用的混凝土穿甲弹重 7.1 吨。多拉铁道弹的口径为 800 毫米，每小时可以发射 3 枚穿甲弹。该炮最后一次使用是 1944 年在波兰华沙附近，发射了约 30 枚炮弹，炮弹重 7.1 吨。

口径最大的火炮

世界上口径最大的火炮是二战时期制造的"小戴维"迫击炮，口径为 914 毫米，炮管重 65 吨，底座重 72.56 吨，炮弹重 1.7 吨，射程为 10000 米。它是盟军为了突破德军齐格非防线而设计制造出来的，二战

期间只建成1门，而且没来得及投入使用，二战就已经宣告结束了。"小戴维"现在被保存于美国马里兰州的阿伯丁陆军武器博物馆。

最早的坦克炮

最早的坦克炮是英国的马克Ⅰ型57毫米坦克炮。1916年英国制造出新式武器——马克Ⅰ型坦克，并在上面装备了57毫米的火炮还有机枪，当时英国共制造了49辆这样的坦克。坦克炮出现后不久，很快便被用于了和德军的交战之中。德军的防御工事在它面前显得不堪一击，火炮和机枪的猛烈射击更是让德军难以应付。

身管最长的自行榴弹炮

世界上身管最长的自行榴弹炮是德国的PZH2000式155毫米自行榴弹炮，长11.67米，身管寿命为2000发，战斗时全身重55吨。该门火炮由威格曼公司制造，并在1998年7月交付首门。该火炮还是目前世界上最重的自行榴弹炮，机动性也很好。德国陆军以450万美元的单价订购了594门，意大利、挪威、瑞典等国也陆续订购了这种火炮。

最早使用的炮火支援

最早使用炮火支援的是凡尔登战役。凡尔登战役是1916年德国和法国之间的一次战争。

在这次战争中，德军集中了前线所有的大炮对凡尔登附近的三角地带连续进行了十个多小时的轰炸，这一地区的森林、山头战后全部被夷为平地。由于伤亡惨重，凡尔登战场被称为是"绞肉机"、"屠场"和"地狱"，但法西斯德国最后并没有取得这次战争的胜利。

和火炮 面对面

翻山越岭的迫击炮

迫击炮是用座板承受后坐力、发射迫击炮弹的曲射火炮。迫击炮重量轻，操作简便，弹道弯曲，适用于对遮蔽物后的目标和水平目标射击，能在短兵相接的场合发挥威力。同时便于运载，可以跟步兵一起翻山越岭，是团、营装置的压制兵器，主要担负近距离压制任务。

迫击炮最早出现在1904年的日俄战争中，当时，日军逼近

轮式迫击炮

俄军的要塞阵地，而俄军的远射程炮对相距很近的敌人用不上，轻武器火力又小，在没有办法的情况下，俄军士兵将小炮架起来，炮口仰得高高的，发射了一种超口径长尾形炮弹，结果，炮弹在天上划出一道弯弯的弧线，正好落在日军的堑壕附近，歼灭了进攻的敌人。

第二次大战中及战后以来，迫击炮的发展更是日新月异，除中小口径外，最大口径的迫击炮已发展到240毫米（苏联），最大射程可达12.5千米，战斗全重则达4150千克。迫击炮由过去的人背马驮，逐步发展为牵引、自行和车载，随着陆军逐步向飞行化、摩托化和装甲化方向发展，迫击炮也将成为一种机动性能良好、作战威力强大的近程攻击兵器。

🔍 卡尔600毫米自行迫击炮

"卡尔"600毫米自行迫击炮，有人称它为"超级战车"、"超级巨炮"。

尽管600毫米迫击炮的身管短粗，但它仍然是个庞然大物，其战斗全重高达124吨，顶得上两辆重型坦克的重量。炮班的人数为19人，其中指挥官1人。车长11.37米，车宽3.16米，车高4.78米。短而粗的炮管，是它的最主要的外部特征。

车体由前至后分为三个部分，前部为驾驶室及发动机和变速箱，驾驶室在车体前部左侧，驾驶员后部设副驾驶员席，中部为炮身支架和火炮，后部为发电机、燃油箱、火炮操纵装置。火炮炮管向后呈"倒坐观音"状。车体的最后设两个登车梯，说明上下车的乘员还是比较多的。车体的装甲厚度不详，估计在10毫米上下，可防轻武器的攻击。

1936年3月，德国陆军总司令部提出了大口径迫击炮的设计要求。任务书中要求，迫击炮的口径为800毫米，发射4吨重的迫击炮弹时的初速为100米/秒，最大射程为1000米；发射2吨炮弹时的最大射程为2000米；迫击炮的移动采用履带式底盘车辆。不久，军方和莱茵金属公司签订了研制合同。1938年1月，莱茵金属公司拿出了最初的方案，火炮的口径改为600毫米，迫击炮弹为前装式，射击前还要放下驻锄，整个射击准备时间要1.5小时。1938年8月，军方批准了经过改进的第4种设计方案，决定先试制1辆，再加上6辆生产型车。由于在研制的过程中，

小博士乐园

中国十大元帅之朱德

朱德（1886-1976），中国十大开国元帅之一，中国人民解放军和中华人民共和国的主要缔造者之一。从辛亥革命到抗日战争，再到解放战争，他都有着显赫的战功。人们对他的形容只有一句话："戎马一生，功绩卓著；忠职勤政，鞠躬尽瘁；胸怀天下，气度恢宏；谦虚谨慎，纯朴忠厚。"

德国炮兵的卡尔 (Karl)- 贝克将军竭力促成此事,这项计划被命名为"卡尔设备"。建成后的 600 毫米自行迫击炮也被称为"卡尔"自行迫击炮。

M-224式迫击炮

M-224 式迫击炮英国 1983 年为美国研制,美国引进的英国 L-16 式迫击炮并加以改进的 81 毫米新式营属迫击炮,于 1987 年装备美军,用以取代 M-30 式 107 毫米营属重迫击炮。为快速部署部队和高速机动部队提供了火力支援。

该炮在英国 81 毫米迫击炮上加装了炮口超压衰减装置。该炮由炮身、座钣和炮架三大部件组成。炮身采用镍、铬、钼、钒高强度合金钢整体锻造,配有炮口超压衰减装置,特种钢制 K 形支架,全炮行军时可分解为 3 件人力驮载。美海军陆战队计划将其载于 LAV-M 装甲运输车上改作自行炮,装备陆战队各轻坦克营(每营配属炮 8 门)。火炮配用英制榴弹和新型迫击炮计算器。现装备美军步兵营、空中机动营、空降营之迫击炮排,每排炮 6 门。初速(L15A3 式榴弹)250 米 / 秒,最大射程(L15A3 式榴弹)5660 米,最小射程 180 米,最大射速 30 发 / 分,持续射速 15 发 / 分,炮重 36.48 千克,可由人背负。

用作火力支援的加农炮

加农炮是一种身管较长、初速较大、射程远、弹道低伸的火炮。它适宜直接瞄准射击坦克、步兵战车、装甲车辆等地面上的活动目标,也可以对海上目标射击。坦克炮、反坦克炮、舰炮、海岸炮等,具有加农炮特性,属加农炮类型。

加农炮由于弹道低伸,射击死角较大,阵地配置受到地形限制,所以常常与榴弹炮配合使用。

美国M1A1主战坦克上的加农炮

155mm加农炮

加农炮较其它类型的火炮射程都远，例如，美国157毫米自行加农炮，最大射程32.7千米，口径比它大的203毫米榴弹炮，最大射程也有29千米。因此，加农炮特别适合于远距离攻击敌纵深目标。

中国加农炮

加农炮按口径可分为：小口径加农炮，75毫米以下；中口径加农炮，76~130毫米；大口径加农炮，130毫米以上。按运动方式可分为：牵引式、自运式、自行式和装载到坦克、飞机、舰艇上载运式4种。

用作火力支援的榴弹炮

榴弹炮出世较早。在中国历史博物馆里，有一尊元朝的铜火炮，1332年制造，是现今世界上已发现的最早的榴弹炮。可是，由于开始的炮管没有膛线，光溜溜的，弹丸飞出炮口后，总是东倒西歪，甚至翻跟斗。到1846年，人们从小孩玩的陀螺受到启发，试验了第一门线膛炮，使弹丸稳稳当当地朝着指定的目标前进了。

榴弹炮身管较短，初速较小，弹道较弯曲，是地面炮兵使用的主要炮种之一。榴弹炮的射角较大，弹丸的落角也大，杀伤和爆破效果好。它适宜射击隐蔽目标或大面积目标。如山后有一座敌人碉堡，榴弹炮射击时能翻过山顶将目标摧毁。

美国M110自行榴弹炮

美国50年代研制、60年代初期定型的203毫米自行火炮，1962年装备部队，用以取代M—55式203毫米自行榴弹炮。1963年装备部队，改进型号有M110A1和M110A2。M110A2采用新型M188—1式发射装药(9号)，发射火箭弹时最大射程增加到29.1千米。

2S7式自行榴弹炮

苏联制造,也称M-1975式,70年代中期研制定型的203毫米自行火炮,1977年装备部队,用以取代8-23式180毫米加榴炮,使用履带式专用底盘车外形结构略同美国M-110式。用以装备方面军和统帅部炮兵部队。配用常规弹药和核弹。射程远,威力大,无装甲防护,三防能力弱,配有输弹机,射速快。有履带式弹药车伴随行动。

德PzH2000自行榴弹炮

PzH2000自行榴弹炮是世界上最先进的火炮,最大射程为36千米以上,能以高速率发射多种弹药,有效支持机动部队,它的模块式装甲和核、生、化保护系统,以及它的高机动能力提高了整个系统的生存力。PzH2000自行榴弹炮能打击软式和半软式面状目标。主要装备为1门52倍口径的155毫米火炮,辅助武器为1挺7.62毫米机枪。它的火控系统属于

顶尖水平的,包括综合惯性导航系统、弹道计算机、观察瞄准系统、热像仪、激光测距机等,使火炮的射击精度和反应能力大大提高。

PzH2000最大的特点是射程远。在发射L15A1北约标准炮弹时,射程为30千米;在发射增程弹时,射程达40千米。这样它就可以在目前各国装备的火炮的射程外开火,保证了自身的安全。该炮另一个特点是弹药储备量大,车内装有60枚弹丸和67包装药,能组成60发分装式炮弹,是老式M109火炮储弹量的两倍多。

PzH2000安装了自动装弹机，该装弹机可以在火炮任何仰角时给火炮填装弹药，所以它的射速也非常高，达到了3发/10秒的急射速度和8发/分的连续射速。PzH2000配备的弹种有杀伤爆破榴弹、子母弹等。

英国AS-90自行榴弹炮

这种炮于1992年开始装备部队。AS90自行榴弹炮的战斗全重45吨，乘员5人，即车长、炮手、2名装填手和驾驶员。主要武器是1门身管长为39倍口径的155毫米榴弹炮，从1995年起换装52倍口径的155毫米榴弹炮。发射底部排气弹时最大射程达40千米。弹药基数48发，炮塔尾部弹舱装31发，车体内存放17发。弹药为分装式，用半自动装弹机装填。火炮持续射速为2发/分，连续发射3分钟的最大射速为6发/分；急射时，10秒钟可发射3发。辅助武器为1挺12.7毫米机枪，安装在炮塔左侧，用于对空自卫。

火控系统由惯性动态基准装置、计算机、数据传输器和各种显示器组成，形成一个自动化的瞄准系统，可以自动完成测量、校准、瞄准等工作。

AS90自行榴弹炮的底盘采用美国功率为485千瓦的涡轮增压柴油机和德国液力机械传动装置，最大速度为55千米/小时，最大行程370千米。

美国M52全履带105毫米自行榴弹炮

美国M52、M52A1全履带105毫米自行榴弹炮，在上世纪50年代完成。全长5800毫米，宽3149毫米，高度3316毫米（机枪位置），车体 3056 毫米。车底距离地面高 491 毫米。履带宽 533 毫米，履带接地 3793 毫米。公路最大速度 56.3 千米／小时，M52A1 为 67.59 千米／小时，行程 160 千米，涉水深度 1219 毫米，爬坡度 60%，垂直越障 914 毫米。车体和炮塔多数部位装甲厚 12.7 毫米。

所有的乘员均在车体矩形炮塔后部。采用垂直滑动弹链方式供弹。炮塔内以及车体内总共可以携带 102 ～ 105 发炮弹，炮塔内是旋转弹鼓，待发弹 21 发。机枪弹 900 发。炮弹总共有 6 种，都是半预装的，M1 型高爆弹总重 19 千克，射程 11270 米，另外还有 M67 高爆穿甲和高爆穿甲训练弹，此外还有化学弹，烟幕弹和照明弹等许多弹种。

"帕拉丁"自行榴弹炮

M109A6 "帕拉丁" 为美陆军装备的 155 毫米自行榴弹炮，是 M109 自行榴弹炮系列的最新改进型，于 1992 年 4 月开始装备，主要装备美军的装甲师、机械化步兵师和海军陆战队，是美军重型机械化部队主要的火力支援武器。该榴弹炮有 4 名乘员，即指挥员、驾驶员、炮手和装弹手，采用半自动装弹系统，带 "凯夫拉" 装甲焊接炮塔。战斗重量 32 吨，车长 9.75 米，车宽 3.15 米，车高 3.24 米，速度 64 千米／小时，最大行程 343 千米，备弹 39 发，反应时间小于 60 秒。

该自行榴弹炮的自动化程度较高，能在1分钟内发射8枚炮弹，射程达到24～30千米，并且"射击－转移"程序十分紧凑，只需不到1分钟时间，就能自动完成从开火到撤离的一系列动作，从而能在敌方反压制炮火到来之前，以40千米的时速逃之夭夭。该榴弹炮后来换装M284火炮，身管和发射药进行了改进，并安装了新的隔舱化系统、新型自动灭火抑爆系统、特种附加装甲等改进设备。

迅速猛烈的火箭炮

火箭炮有多个发射管，一层层地排列起来，好像是把十几门或几十门大炮的炮管捆绑在一起，放在一辆汽车或履带车上，成为一个运动自如的小火炮群。

火箭炮射程远，火力猛，机动性好，惯性小。在大部队发起进攻之前，往往用火箭炮开路。它是一种压制敌方进攻和协助己方进攻的大面积射击武器，是对付暴露的集群目标的有效火力。在战斗中，能迅速、突然、猛烈地打击敌人。第二次世界大战期间，苏联为了对付纳粹德国快速进攻的机械化部队，在1941年设计制造了一种多轨道的自行火箭炮，最大射程为8.5千米，一次齐射火箭弹16发，打得德国兵鬼哭狼嚎，被称为"鬼炮"。火箭炮威名大振。

火箭炮一般装在战车上，也可以装在飞机和舰船上发射，还可用火箭炮散布地雷来打坦克，或者用它抛撒炸药包进行扫雷，为坦克在雷区行进开辟道路。

日本75式火箭炮

75式130毫米多管火箭炮于1975年装备日本陆上自卫队。它的主要战术任务是射击敌集结部队和反冲击部队，以及指挥所等面积目标。

该多管火箭炮主要装备日本陆上自卫队的师属炮兵团，每团10辆。

美国M270式自行多管火箭炮

M270是美国在上世纪70年代中期研制的一种新型远射程野战炮，1983年开始装备部队。海湾战争中，M270式自行多管火箭炮首次投入实战使用。

该车的车体由M2步兵战车改装而成，战斗全重25.2吨，乘员3人。最大速度每小时64千米，最大行程480千米。火炮口径227毫米，两个发射箱各装6枚火箭或1枚战术导弹。火箭弹长3.9米，直径22.7厘米，火箭炮一次齐射共12发，可抛出7728个M77式子弹，覆盖面积可相当于6个足球场。发射布雷弹1次齐射可布设336枚反坦克地雷，形成1000米长的反坦克雷区。

俄罗斯"旋风"300毫米火箭炮

"旋风"300毫米火箭炮（也称BM-30、"龙卷风"）是俄罗斯军队装备最现代化、最新型的远程多管火箭炮。该炮于20世纪80年代前后研制，1987年装备部队。系统组成包括：发射车、安装有吊车和装填装置的运输装填车、杀伤爆破火箭弹。每门炮配有1辆弹药车，装有专用装填起重机和12发火箭弹，可在20分钟内装填完毕。使用的火箭弹包括带破片杀伤子弹药的集束式火箭弹、带、可分离战斗部的杀伤爆破火箭弹和带自动瞄准子弹药的集束式火箭弹。在集束式火箭弹内有72个重量为1.75千克的子弹，一次齐射12发火箭弹可抛出864枚子弹，覆盖面积达67公顷。由于火箭弹上增加了一个自主式主动飞行相位控制系统，大大提高了该系统的射击密集度，比当今公认的美国M270式火箭炮的精度还要高。

1977年装备苏联陆军。16个发射管，分三层排列，上层为4管，下面两层各6管。配用弹种有榴弹、化学弹和子母弹，一次齐射可布设368枚反坦克地雷。发射车采用"1吉尔-135"（8×8）卡车底盘。行军时，发射管与发射车成水平状态（炮口朝后），火箭弹重280千克，齐射时间20秒，最大射程34000米，战斗全重22.7吨，最大行驶速度65千米/小时，最大行程500千米，炮班人数4人。

🔍 自由运动的自行火炮

自行火炮是结合在车辆底盘上，不需要外力牵引而能自由运动的一种炮，它的形状很像坦克。自行炮把装甲防护、火力和机动性三种要素统一起来，在战斗中对坦克和机械化步兵进行掩护和大力支援。

自行火炮可分成自行榴弹炮、自行加农炮、自行反坦克炮、自行无后坐力炮、自行迫击炮和自行高射炮等数种。因底盘不同，又可分为轮式和履带式两种。现代的自行火炮以履带式的居多。

现代自行火炮的口径，从20毫米到57毫米不等。最新式的全天候全自动的自行高射炮，结构和操作十分复杂，造价也贵得惊人。安装在吉普车上的自行无后坐力炮，是最简单的自行火炮。

日本87式防空火炮

日本87式防空火炮系统是基于74式坦克底盘之上，具有全天候作战能力，并装备有一个双模(探测/跟踪目标)雷达以及先进的火控系统。

ZSU-23-4自行高炮

　　ZSU-23-4自行高炮是ZSU-57-2的换代装备，20世纪60年代初开始装备苏军。战斗全重约15吨，乘员4人（车长、驾驶员、搜索瞄准手和测距手）。主要武器为4管ASP-23型23毫米高射机关炮，有效射程2500米，最大射高5100米。ZSU-23-4自行高炮采用PT-76水陆坦克底盘，发动机的最大功率为176.5千瓦（240马力）。公路最大速度为50千米/小时。

守护天空的高射炮

　　高射炮是专门对付飞机的，它是随着飞机的诞生而诞生的。1906年，德国人首先制造了对付飞艇、飞机的第一门高射炮。现在已经有大口径高射炮、小口径高射炮、多管联装的高射速高射炮，还有机动性强的自行高射炮。

　　高射炮的口径从20毫米到130毫米，共有二十多种。习惯上，人们把它们分成大、中、小三类。大口径高射炮打击高空飞机，小口径高射炮打击低空飞机。在对空作战中，不管飞机是从高空来，还是从低空来，都逃不脱空中的火力网。现代高射炮打飞机，首先要测出飞机的高度、飞行速度、航向，算出射击数据，然后才能击中目标。这些工作由专门的观察设备、瞄准机构和计算装置来完成，包括雷达和光学侦察设备、瞄准具和指挥仪及信号传递等，这就大大提高了高射炮的命中率。

高射炮的威力很大。以早期的高射炮为例，在第一次世界大战中，在德国战场上，高射炮进行了1154次对空战斗，击落飞机1590架。在第二次世界大战中，被高射炮击落的飞机，占各国损失飞机的一半。

意大利"奥托·梅拉拉"25毫米四管自行高炮系统

意大利奥托·梅拉拉公司1979年研制，1987年生产，1989年装备部队。由KBA—B式25毫米四管机关炮、铝合金焊接炮塔、光电火控系统、M113式装甲人员输送车底盘及弹药组成。身管长2173毫米，最大初速1100米/秒（脱壳穿甲弹），有效射程1500米，有效射高1000米。

"奥托" 76毫米自行高炮

意大利"奥托"76毫米自行高炮是意大利研制的一种自行高炮。该自行高射炮战斗全重46.6吨，乘员4人，由一门76毫米火炮、炮塔、火控系统和坦克底盘等组成，靠电液压驱动，并配有稳定装置。使用的弹种有榴弹、预制破片弹、脱壳穿甲弹等。炮弹初速900米/秒；理论射速120发/分；有效射高5千米；最大射程16千米，高低射界15至+60度；方向射界360度；机动方式自行；携弹量100发。炮塔为全焊接式，用钢板制成，装备三防装置，顶部装有一挺 7.62毫米机枪。火控系统包括搜索雷达，可跟踪4个目标，并将测得数据输入计算机，然后传输给驱动系统。底盘为OF40主战坦克底盘，用防弹钢板焊接而成。

德国双35"猎豹"自行高炮

  联邦德国陆军自1955年重组以后，装备了大量美制M42式40毫米双管自行高炮。但是，M42有许多不足之处。一是不能全天候作战；二是采用光学火控系统，性能已显落后。于是，西德军方决定研制一种采用雷达火控系统的自行高炮。这就是"猎豹"自行高炮的由来。

俄罗斯ZSU-23四管自行高炮23

  ZSU-23四管自行高炮，前苏联制造，口径23毫米，炮管长6.35米，炮2.96米，炮重13.8吨。正常射速每分钟4X600(人工)，4X800(雷达控制)，设计射程3500米，最大射程2500米(斜距)，7000米(水平)。发射初速970米/秒，配用弹种为高爆燃烧弹和穿甲燃烧弹，装甲厚度14毫米，发动机280马力，时速50千米。

美国MK45舰炮11

  MK45型127毫米舰炮是美国海军大、中型水面舰艇上的重要装备。在近30年的服役期间，MK45型127毫米舰炮经历了多次技术改进，发展有MK45-0、MK45-1、MK45-2等多种型号。目前，正在研制Mod4型，它在舰炮结构上作了重大改进，其综合性能将有明显提高。正在开发的新型弹药有低成本竞争型弹药(LCCM)、Best Buy弹药、Scramshell高性能炮弹、增程制导炮弹(ERGM)、Mk172新型子母炮弹(cargo projectile)。

◢ 反坦克炮

  通俗地讲，反坦克炮就是专门用于打坦克的炮；严格说，反坦克炮就是一种采用直接瞄准、专用于对坦克和装甲目标进行攻击的火炮，曾经叫战防炮。

  反坦克炮的类型很多。按机动方式，可分为牵引式反坦克炮和自行式反坦克炮；按炮管结构，又可分为滑膛反坦克炮和线膛反坦克炮。

  自行式反坦克炮是一种车炮结合、能够自行机动和发射的反坦克炮。

轮式反坦克炮

89式120mm自行反坦克炮

中国于80年代末装备部队的89式120毫米自行反坦克炮是我军装备的第一种自行反坦克炮，也是世界上第一种进入现役的120毫米自行反坦克炮。

按行动部分结构，可分为履带式、半履带式、轮式和轮履合一式自行式反坦克炮；按防护程度，可分为全装甲式和半装甲式自行式反坦克炮。

第二次世界大战中，随着坦克装甲厚度的不断增加，反坦克炮的口径从 47 毫米增加到100 毫米。目前反坦克炮的技术性能与坦克炮发展水平不相上下，口径已达到 90 ~ 125 毫米，初速度最大为 1700 米 / 秒，直射距离 1700 米，最大设计速度 12 发 / 分，战斗全重在 5 吨左右，可配用的弹种有穿甲弹、破甲弹和碎甲弹等。

俄罗斯通古斯卡弹炮合——近程防空系统

"通古斯卡"（2C6 式）于 1988 年开始在苏军服役，是某些坦克团防

空营的主要装备。在炮塔两侧各装有2门30毫米机关炮，各炮下方装有一部四联装导弹发射装置（共装8枚"萨姆"19防空导弹），车体为改进型MT-C装甲输送车。火控系统包括搜索雷达、跟踪雷达、光电设备、敌我识别装置和数字式弹道计算机。可在行进中射击。是目前世界上火力最强的防低空机动武器系统。

高射炮有效射程4000米，有效射高3000米，导弹有效射程8000米，射高3500米，搜索雷达作用距离18千米，跟踪雷达作用距离13千米，系统全重34吨，最大公路行驶速度65千米/小时。

🔍 坦克炮

坦克炮是一种安装在坦克上的加农炮，按坦克特殊要求所制成的火炮。坦克炮多用于直瞄射击，弹道平直。坦克炮分线膛炮和滑膛炮两种，具有方向射界大、发射速度快、命中精度高、穿甲威力强和火力机动性好等特点。坦克炮大都采用旋转式炮塔，既可保护乘员和炮尾免受敌火力损伤，乘员可直接从炮塔顶部观察战场态势，以发现和跟踪目标，又可使火炮360°环射。

国产98新型主战坦克

国产98新型主战坦克在炮塔左上方安装有一组类似法国"勒克莱尔"坦克的组合式光电系统，使我国主战坦克的夜视夜瞄技术有了突破性的进展。配合第二代国产坦克已经使用的计算机稳像式火控系统，国产98主战坦克的火力已经足以与国外名车一较高低。

坦克炮的口径在第一次世界大战时为57毫米，到第二次世界大战时为85毫米，目前最大为125毫米。在滑膛式坦克炮中，口径最大的是苏联T72、T80等主战坦克装备的125毫米滑膛炮，德国的"豹"和美国的M1A1主战坦克均采用120毫米滑膛炮。在线膛式坦克炮中，目前口径最大的是英国"挑战者"号装备的120毫米线膛炮，改进前的美国M1坦克和以色列的"梅卡瓦"坦克

均采用105毫米线膛炮。

坦克炮的身管一般装有抽气装置，有的还装有热护套。坦克炮不能像榴弹炮和迫击炮那样进行大仰角发射，其仰角一般仅有20°～30°，但方向射界大，可360°旋转发射。由于受坦克车内空间的限制，坦克炮所带的弹药基数较少，一般为40～50发左右，英国"挑战者"号坦克最多，也仅为62发。

航空机关炮

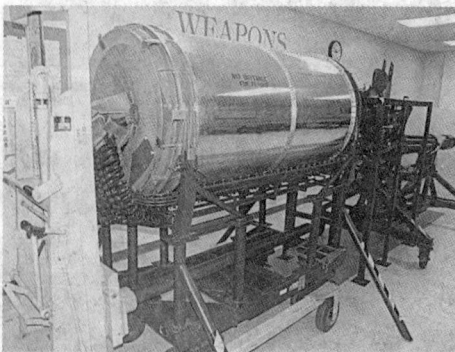

多管航空机关炮

安装在飞机上的口径在20毫米以上的自动射击武器，简称航炮。口径多为20～30毫米，最大射程约2000米。同地面火炮相比，航空机关炮射速高，结构紧凑，重量轻。航炮可分为单管式、转膛式和多管旋转式。单管式航炮由一个炮管和一个弹膛组成，利用火药燃气

能量，完成自动工作程序，射速 400 ~ 1350 发/分；转膛式航炮由一个炮管和一个可旋转的弹膛组成，利用身管后坐或导出的火药燃气能量，使鼓轮旋转，依次对正炮管，进行击发，射速 1200 ~ 1800 发/分；多管旋转式航炮由 3 ~ 7 个炮管和相应的弹膛组成，在外部能源作用下，炮管和转轮高速旋转，机心沿导槽运动，完成自动循环动作，射速 1500 ~ 6600 发/分。航炮在第二次世界大战中是主要的航空射击武器，20 世纪 50 年代，由于有了空空导弹，航炮在一些飞机上被取消。经越南战争和中东战争实践证明，航炮仍是不可缺少的航空近战武器。

航空炮弹

现代航炮主要有单管转膛炮、双管转膛炮和多管旋转炮等。所谓转膛炮就是弹膛旋转的火炮，即在射击过程中炮管不转，只是几个弹膛依次旋转到对准炮管的发射位置进行发射，其原理很像左轮手枪的射击原理。转管炮的射击原理恰恰与之相反，弹膛不动而炮管连续不断地旋转。

加特林型M61式"火神"

M61 火神式航空机关炮是一种由美军开发，经常被装载在战斗机、直升机上的高射速近距离火炮系统，通用代号 GAU-4（GAU 是通用自动火炮，Gun Automatic Universal 的缩写），口径为 20 毫米，其航空用版本被赋予 M61 的代号，美国海军航空队使用 M61A1 与 M61A2 两种规格稍有不同的版本。

M61 是一种使用外力驱动、六管滚动运作、气冷、电子击发的加特林炮。其中使用在 F-14 雄猫式战斗机与 F/A-18 黄蜂式战斗攻击机上的 M61A1 可以选择液压或冲压方式驱动，采用电子控制搭配无连结填弹系统，极限射速可达每分钟 7200 发，但实际运作时可选择 4000spm（Shoot per minute，每分钟击发次数）与 6000spm 两种不同的射速。至于轻量化的 M61A2 型则只能搭载在 F/A-18 型战机之上。在 F-14 战机上的 M61 最大载弹量可达 676 发，而 F/A-18 则为 578 发，使用美军的 20 毫米口径、无连接 M-50 或 PGU 系列电子击发弹。

✏ GAU-8A航炮

该炮于 1973 年装机，1974 年 2 月进行首次飞行试验。同年 4 月公司获得 2375.4 万美元的合同，以制造 3 门试生产型样炮进行性能试验和 8 门试生产型样炮进行装机试验。为了鉴定火炮的穿甲能力，曾用穿甲弹和燃烧榴弹分别对 T72 坦克和 M48 坦克进行过 2s 和 1s 射击，结果坦克被击毁。1975 年基本结束试验工作，1976 年初开始批量生产。

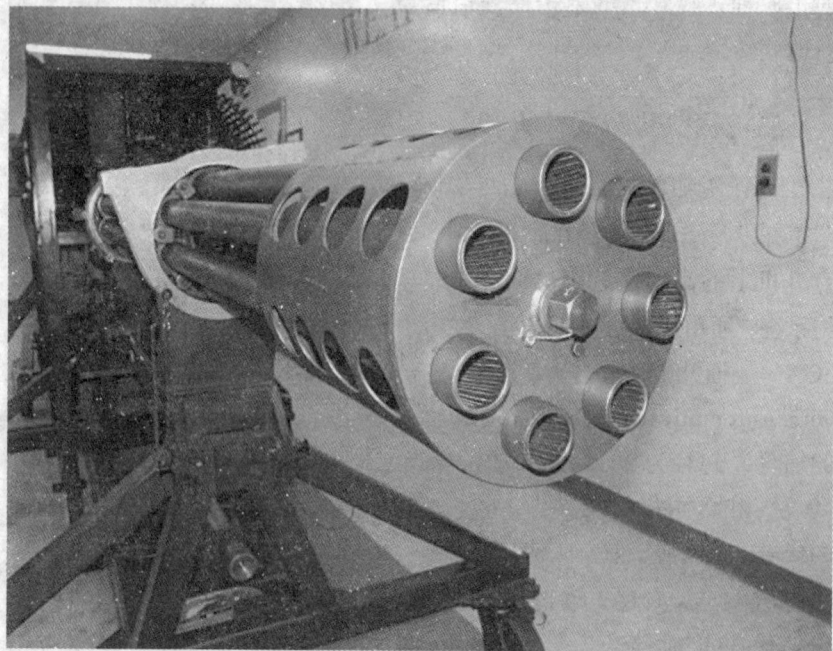

该炮在研制过程中曾经遇到集聚的火药气体在机头前方被引燃形成火团的问题，在火药中加入亚硝酸钾后问题得到解决。

小博士乐园

中国十大元帅之林彪

林彪（1907～1971），军事家，共和国元帅，也是中国十大开国元帅中最小的一位。林彪同样为新中国的成立立下了汗马功劳，他取得了平型关大战的胜利，也指挥了辽沈、平津等重大战役，是位了不起的军人。然而他却在新中国成立之后组织了反党集团，企图篡夺党和国家的最高权利，最终以失败而告终。

第四章 坦克家族

DISIZHANG TANKE JIAZU

坦克的诞生，是近代战争的要求和科学技术发展的结果。坦克是具有强大直射火力、高度越野机动性和坚固防护力的履带式装甲战斗车辆。它是地面作战的主要突击兵器和装甲兵的基本装备，主要用于与敌方坦克和其他装甲车辆作战。

10分钟

了解坦克

"陆战之王"——坦克

坦克是一种具有强大直射火力、高度越野机动性和坚强装甲防护力的履带式装甲战斗车辆。它是现代地面作战的主要突击兵器和装甲兵的基本装备，也是矛和盾合二为一的武器。它可以在复杂的气候条件下担负多种作战任务，主要用于与敌军坦克和其他装甲战斗车辆作战，也可以压制、消灭反坦克武器和其他炮兵武器，摧毁野战工事，歼灭有生力量。是地面作战的主要突击兵器，常被人们誉为"陆战之王"。

俄罗斯T54/55坦克

坦克是一种既能进攻又能防御的兵器。通常由操纵、战斗、动力传动和行动四部分构成。操纵部分，也就是驾驶室，通常位于坦克的前部，内设操纵机构、检测仪表、驾驶椅等；战斗部分也叫战斗室，通常位于坦克的中部，包括炮塔、炮塔座圈和下方的车内空间，车内空间设有坦克武器、火控系统、通信设备、"三防"装置、灭火抑爆装置和乘员座椅，炮塔上装有火炮、高射机枪、抛射式烟幕装置等；动力传动部分也称动力室，一般位于

意大利OF40主战坦克

OF40是意大利在二战后研制的第一种坦克。1980年装备阿联酋军队，战斗全重45.5吨，最大时速60千米，最大行程600千米。主炮为105毫米线膛炮。

坦克的后部，里面设有发动机、传动装置等；行动部分位于车体两侧下方，有履带推进装置和悬挂装置等。坦克乘员一般为 4 人，分别担负指挥、射击、装弹和驾驶等任务。

🔍 坦克——开始叫"水柜"

"Tank"的英文原词是"水柜"，"水柜"第一次出现在战场上令德国军队大惊失色。第一次世界大战期间，英国有一个名叫斯文顿的新闻记者到前线去采访。他看到德军在前线上修了很多的碉堡，碉堡之间又拉上了带刺的铁丝网，英法联军的士兵一次又一次地冲锋，但总是不能突破敌人的防线，许多士兵在机枪的扫射下倒在血泊中。斯文顿心里很不平静，他总在想，难道没有更好的进攻办法吗？他苦思冥想，不得要领。一天，他看到一辆履带式拖拉机，一下子来了灵感。要是给"大力士"拖拉机穿上厚厚的装甲外衣，装备上大炮和机枪，使它既能冲进敌人的阵地，又能防御敌人机枪的扫射，那该多好！

世界上第一辆坦克——"小游民"

于是，他向英国政府建议，把一种"霍尔特"型的拖拉机改装成战车。这种攻防两用的武器很快就在英国一家制造水柜的工厂里制造出来。为了保密，人们管它叫"水柜"。1915 年 9 月，世界上第一辆"水柜"诞生了。从此，在战场上经常出现"水柜"的身影。

备用履带板挂装在炮塔周围，有利于提高防护性能

炮口制退器

每侧负重轮分两排交错排列

"黑豹"（TV）坦克
被认为是"大战中德国生产的最好的坦克之一"。

在二战炮火中飞速发展的坦克

第二次世界大战期间，三十多万辆坦克被用于双方的交战之中，形成了坦克与坦克激烈对抗的局面。这种局面促进了中型、重型坦克技术的迅速发展。坦克的结构形式也逐渐成熟，火力、机动和防护三大性能也全面提高。这些坦克普遍采用安装一门火炮的单个旋转炮塔，并装有与火炮并列的机枪，这些机枪可以辅助火炮对敌人目标进行射击。英国的"丘吉尔"步兵坦克就是在这一时期产生的。

轻型坦克在战争的初期也有所发展，主要作为应急装备和在特种战斗条件下使用。

战争后半期，苏、德双方又都利用坦克底盘生产了大量的自行火炮。自行火炮是一种没有旋转炮塔的低矮坦克，但火炮威力很大，结构也很简单，适合大量的生产。

作为地面作战的主要突击兵器，坦克在二战中经受了各种复杂条件下的战斗考验，得到了飞速的发展。

主战坦克成为新时代的宠儿

第二次世界大战之后，出现一批新的战斗坦克，它们的火力、防护能力都比以前的重型坦克要好，机动性也更强，这些坦克特别适合战斗。20世纪60年代开始，各国将原来的轻、中、重型坦克重新分类。把中、重型坦克中新型战斗坦克称为主战坦克，这种坦克受到了各国军事部门的重视。

主战坦克

从20世纪50年代到现在，各个国家都在将许多高新技术不断地应用到主战坦克上，并相继推出了新一代主战坦克，比如英国的"挑战者"和中国的ZTZ-99式坦克等。它们都是当今世界上主战坦克中的佼佼者，成为各自国家的"陆战之王"。

1973年10月，在中东战场上进行了一场规模空前的现代坦克大战——戈兰高地坦克战。2000辆坦克被用于战斗之中，其中大多数就是主战坦克。

1991年2月，在多国部队对伊拉克的"沙漠军刀"军事行动中，多国部队集结的3700辆坦克大部分也是主战坦克。在这次战斗中伊拉克也有不少从苏联和西方国家引进的主战坦克。

到现在主战坦克已经发展了三代，依然是各国的的宠儿。

小博士乐园

人民解放战争三大战役

　　三大战役是指1948年9月至1949年1月，中国人民解放军同国民党军队进行的战略决战，包括辽沈、淮海，平津三个战略性战役。辽沈、淮海、平津三大战役，历时142天，共争取起义、投诚、接受和平改编与歼灭国民党正规军144个师，非正规军29个师，合计154万余人。国民党赖以维持其反动统治的主要军事力量基本上被消灭。三大战役的胜利，奠定了人民解放战争在全国胜利的基础。

世界

坦克之最

世界上第一辆坦克——"小游民"

第一次世界大战期间，英国政府采纳斯文顿的建议，综合利用汽车、拖拉机、枪炮制造和冶金技术，试制出了坦克的样车。它是世界上的第一辆坦克，被称作"小游民"。

英国制造"小游民"的目的是突破敌对方牢固的防御阵地，从而打破阵地战的僵局。但这个"小游民"并没有参加战斗。

小游民

世界上最先参战的坦克

1916年1月15日，英国的Ⅰ型坦克被首次用于法国索姆河战场，成为世界上最先参战的坦克。Ⅰ型坦克重约28吨，车体为箱形装甲结构，两侧各装一个履带架，架上装着可以绕其转动的履带，轮廓呈菱形。参战的49辆坦克中，实际上只有32辆到达出发阵地，剩下的17辆因为机件故障而被留在了后方。攻击中又有9辆坦克出现机件损坏，另外还有陷入沼泽之中。到最后只剩下了18辆。

英国的Ⅰ型坦克

世界上产量最多、参战地域最广的坦克

美国的 M4 "谢尔曼" 坦克是世界上产量最多、参战地域最广的坦克。第二次世界大战中，M4 坦克首先在北非战场称雄，接着又参加了在西西里、意大利、诺曼底的战斗。第二次世界大战之后，M4 坦克还在朝鲜、印度、巴基斯坦和中东等地参加过战斗，足迹遍布亚、非、欧。

当时 M4 坦克的产量就达到了 5 万辆。

美国的 M4 "谢尔曼" 坦克

世界上最轻、最小、速度最快的坦克

英国 "蝎" 式坦克

英国 "蝎" 式坦克是目前世界上最轻、最小、速度最快的坦克。该坦克重 8.1 吨，时速 80.5 公里，有 "全铝坦克" 之称。它既能空运，又能空投，既适于在山地、丛林和水网地带作战，又适于城市巷战，可以说是当今快速部署部队最理想的装备。

世界上最昂贵的坦克

日本的 90 式坦克被公认为世界上最昂贵的坦克。该种坦克的研制时间长，研制费用高，订购数量却很少，这些原因使它的第一批采购单价就高达 850 万美元/辆，相当于美国 M1 坦克价格的三倍。90 式坦克吸收了世界第三代主战坦克的许多优点，在装甲防护、

日本的 90 式坦克

火控系统等方面有自己的独到之处。

世界上最早建立坦克部队的国家

1916 年，英国组建了世界上第一支坦克部队。这支部队被称为"机枪部队重型分队"，共编有 6 个连，每连 25 辆坦克。凭借这支部队，英国在康布雷战役中不到 10 个小时便攻破了德军的三道阵地，俘获德军八千多人。

世界上投入坦克最多的战役

坦克是第二次世界大战的陆战主角，数千辆坦克交战的战役就有十多次。但投入坦克最多的战役要属 1945 年的"维斯瓦——奥得河"战役。在这次战役之中，苏军共有 6500 辆坦克参与战斗，创下了世界之最。

"维斯瓦——奥得河"战役

和坦克
面对面

🔍 坦克大家族

许多人对坦克的一些"亲戚"——装甲汽车、工程车辆、拖拉机等能够分辨。但对坦克这个"家族"里的各个成员，却分不太清，也不知道坦克"家族"有多少成员？

作为"家族"的代表，当然是坦克的弟兄们。从前，坦克主要有三兄弟：重型坦克、中型坦克和轻型坦克。60年代后，慢而笨的重型坦克"衰老"了，各国都不再生产和发展，出现了另一个"主战坦克"兄弟。主战坦克是现代坦克家族中的重要成员，是世界各国发展的重点。其他小兄弟有侦察坦克、空降坦克、水陆两用坦克等。

坦克还有一些好伙伴，它们是在坦克的基础上，去掉坦克上的炮塔和武器，装上不同用处的专业设备，成为"变型坦克"。它们是配合坦克行军作战不可缺少的伙伴，如指挥坦克、扫雷坦克、工程坦克和抢救坦克等。坦克还有一些堂兄弟，它们是用坦克或其他车辆改装而成的自行火炮，如自行加农炮、自行榴弹炮、自行高炮、自行火箭炮、自行无后坐力炮和自行迫击炮等。坦克还有一些好帮手，它们是装甲输送车和步兵战车。坦克还有一个表兄弟，它就是履带式火炮牵引车。

德国"豹"Ⅱ主战坦克

该坦克为德国第二代主战坦克，安装有120毫米口径的滑膛炮，配有自动输入式弹道计算机控制的火控装置和激光测距仪、火炮稳定器等，可在行进间射击。辅助武器是两挺口径为7.62毫米的机枪，一挺装在炮塔上，为防空用；另一挺是并列机枪。早期型号在炮塔和底盘上安装了夹层装甲，后期的"豹"Ⅱ改进车体与炮塔，改用新型装甲。

　　该坦克全重55吨，乘员4人。最大速度每小时68千米，越野速度每小时55千米，最大行程520千米~540千米。越壕宽3米，克服垂直墙高1.2米，有准备时涉水深2.25米，潜水深4米。车长9.74米，车宽3.5米，车高2.49米。

　　该车是专为对付T-72和T-80坦克而设计的。

◁ M1A1"艾布拉姆斯"主战坦克

　　M1A1"艾布拉姆斯"为美国陆军的主战坦克，具备优异的防弹外形，其炮塔和车体均采用新型复合装甲，在车体前部加装贫铀装甲，抗弹能力成倍提高。该坦克乘员为4名，战斗全重57吨，车高为2.4米，使用功率为1.1兆瓦的燃气轮机，越野速度和加速性能非常优秀，最大速度达 72 千米 / 小时；从 0 至 32 千米 / 小时的加速时间只需 7 秒。M1A1 坦克热成像瞄准镜在能见度 100 米的战场天气条件下，识别目标距离超过 3000 米，火控系统反应时间短，首次发射时间一般 6.2 秒左右。

1991 年的海湾战争中，M1A1 型坦克首次投入使用，发挥了巨大的作用，出尽了风头，在 3.5

千米距离上对伊军装甲目标均首发命中，其穿甲弹可穿过 1.5 米厚的沙墙击毁伊军的 T-72 坦克，创造了击毁伊军一千多辆坦克而自己仅损失 9 辆的惊人战绩，显示出超强风采，被誉为"沙漠雄狮"。

T-72主战坦克

前苏联利用 T-64 坦克的某些技术，经 T-70 试验车，发展成 T-72 主战坦克。T-72 主战坦克战斗全重 41 吨，发动机为水冷多种燃料机械增压发动机，功率为 574 千瓦。乘员 3 人，取消了装填手。该坦克的主要武器是门短后坐距离的 125 毫米滑膛炮，该炮可以发射三种分装式炮弹。

T-80U主战坦克

T-80U 坦克的战斗全重 46 吨，乘员 3 人。该坦克装有带自动装弹机的 125 毫米滑膛炮。其 9M119 炮射导弹的射程为 100～5000 米。炮弹的弹药基数为 45 发。

采用新的火控系统是 T-80U 坦克最重要的改进之一，它使得 T-80U 坦克的行进间射击能力和夜战能力大为增强，达到了世界最先进坦克火控系统的水平。

T-90主战坦克

俄罗斯T-90主战坦克是在T-72和T-80坦克的基础上研制的一种新型主战坦克。该型坦克战斗全重50吨,乘员3人。

T-90坦克最大时速60千米/小时,最大行程是470千米。俄罗斯已经决定选择T-90坦克作为今后一段时间俄军装甲部队唯一的采购型号。

勒克莱尔坦克

勒克莱尔坦克,战斗全重54.5吨,最大公路速度每小时71千米,装有一门52倍口径120毫米火炮,炮弹初速高达1800米/秒,射程比豹Ⅱ远1000米,复合装甲采用多层装甲板和陶瓷装甲,防弹能力比普通装甲提高1倍。

韩国的K1主战坦克(88式坦克)

88式坦克是美国为韩国陆军设计的主战坦克,1980年研制,1986年投产。外形与美国M1坦克相似。战斗全重51吨,乘员4人,车高2.25米,最大公路时速65千米。主要武器:1门105毫米线膛炮,发射尾翼稳定脱壳穿甲弹时初速1478米/秒,弹药基数47发。火控系统为猎潜式,反应迅速。

"挑战者"2主战坦克

英国"挑战者"2主战坦克是在"挑战者"1型基础上发展的。英国防部把它评价为现今世界可靠性最高的主战坦克之一。

"挑战者"2坦克战斗全重64吨，乘员4人，炮弹基数50发，时速56千米/小时，最大行程450千米。其改进主要包括：采用L30型最大射程为9千米的120毫米高膛压线膛炮，辅助武器为一挺同轴安装的7.62毫米机关炮和一门安装在炮塔上的7.62毫米机关炮。其炮塔采用了更高级"乔巴姆"全新装甲防护设计。

酋长(奇伏坦)主战坦克

1967年装备部队，总生产量为1850辆。除英军装备900辆外，其余的在伊朗等国军队中服役。该坦克参加了中东战争和海湾战争。基本车型共有21种型号，其中5型具有一定的代表性。火炮配用穿甲弹和碎甲弹。综合火控系统包括数据处理、瞄准、传感、火炮操纵四个分系统。

印度"阿琼"主战坦克

"阿琼"主战坦克战斗全重56.5吨，乘员4人。主要武器是1门120毫米线膛炮，配用自行研制的尾翼稳定脱壳穿甲弹、榴弹、破甲弹、碎甲弹和发烟弹。辅助武器有1挺并列机枪和1挺高射机枪，炮塔两侧各装1排电操纵的烟幕弹发射装置。

乌克兰T-84-120"堡垒"坦克

T-84-120"堡垒"主战坦克的战斗全重为48吨,乘员3人,从外形上看,具有T系列坦克的典型特征,轮廓低矮,外形紧凑,装备有一门50倍口径的120毫米滑膛炮,备弹40发,辅助武器是和主炮并列的7.62毫米机枪和装在车顶上的12.7毫米高射机枪,配备的所有武器和弹药均符合北约标准。由于安装了自动装弹机,其乘员只有三人。该坦克使用一台6TD-2型多燃料发动机,最大功率1200马力,最大速度为65千米/小时,最大行程540千米,最大潜深达5米。

S型主战坦克

瑞典S型主战坦克是瑞典陆军兵器局在50年代打破传统设计的一种无炮塔型主战坦克。采用固定的105毫米火炮,3名乘员。

该型坦克的主要武器是1门62倍口径长的105毫米加农炮,火炮射速高。辅助武器是3挺7.62毫米多用途机枪。

Al Zarrar主战坦克

"艾-扎拉"(Al Zarrar)主战坦克是巴基斯坦重工业企业在中国制59式坦克的基础上进行改造和重新设计得到的产品。同老旧的59式坦克相比,"艾-扎拉"主战坦克增强具备了现代主战坦克的技术特点,能够满足巴基斯坦陆军的战术需求。同时巴基斯坦也将向国际武器市场推销这一款坦克。

✏ "公羊"主战坦克

2002 年 8 月，意大利陆军接收了最后一辆"公羊"主战坦克。这样，由依维柯—奥托·梅莱拉 (CIO) 集团制造的 C–I "公羊"就成为国际上上世纪 90 年代以后研制的多个主战坦克中，最早完成全部生产任务的一种。据意大利军方公布的数字，一辆"公羊"主战坦克的制造成本仅为 70 万美元。

战斗全重：48000千克
车长(炮向前)：10.540米
车体长：7.595米
车宽(带裙板)：3.545米
车高(至炮塔顶)：2.46米
公路最大速度：65千米/小时
公路最大行程：550千米
潜水深：4米
爬坡度：60%

⚖ "象"式坦克

该车的研制可追溯到 1965 年，当时联邦德国和美国决定设计一种称作重型设备运输车 (HET) 的坦克运输车，用来运载两国正在联合研制的 MBT–70 主战坦克。

该车是一种8轮驱动车辆，前2桥动力转向。驾驶室为全封闭式，由钢和玻璃纤维制成，有1个驾驶员和3个乘员座位。前并装桥和后并装桥都装有桥间可闭锁式差速器，而且每个桥都有1个可闭锁差速器。前后的并装桥都有扭杆和两头渐薄、平行放置、弹性渐增的钢板弹簧挂装置。

牵引车和半拖车都有空气制动器，并有1个对负载敏感的自动制动阀，保证所有负载条件下的均匀制动。停车制动器由安装在后车轮制动器上的弹簧加载缸筒组成。减速器直接与变速箱相连，并且还通过电控线连接到半拖车行车时使用的制动器上。

小博士栏目

中国十大元帅之陈毅

　　陈毅（1901～1972），中国人民解放军的创建者和领导者之一，中华人民共和国元帅，党和国家的卓越领导人，新中国上海市的第一任市长。他在南昌起义失败的紧要关头，挺身而出，为新中国的成立保存了力量。"文革"时，更是敢于批评一些错误的思想和言论，同林彪、江青集团破坏外交工作的阴谋活动进行了坚决斗争。

　　驾驶室后面装有双绞盘装置，每个绞盘的拉力为167千克牛(拉力值)。2个绞盘都有卷扬提升机构，右侧绞盘也可用于车辆向前方作业自救。每个绞盘有直径28毫米、长43米的钢丝绳，在拉力为83.4千克牛(拉力值)时，绞盘最大缠绕速度为每分钟24米或当拉力为167千克牛(拉力值)时为每分钟12米。

🔍 "哈利德"主战坦克

　　巴基斯坦"哈利德"主战坦克是巴基斯坦自主研制的一种主战坦克，战斗全重为46吨，最高时速为65千米／小时，最大行程为400千米。该坦克米用125毫米口径主炮，可发射尾翼稳定脱壳穿甲弹和其他多用途炮弹等。辅助武器为一挺防空机枪和一挺同轴机枪。射控系统采用数位式弹道计算机，可自动追瞄。整体说来是一种先进的主战坦克。

　　"哈利德"主战坦克采用传统设计，即驾驶舱位于车前方，炮塔位于中间，而动力装置则放在最后边。该坦克的车体和炮塔均采用全焊接钢装甲，车体前弧面装甲外加挂了一层复合装甲，如果需要，也可披挂爆炸反应装甲。据估计，炮塔正面厚度为600毫米，侧面／前方突出部位的厚度为 450 ～ 470 毫米。

铁骑勇士——轻型坦克

　　轻型坦克是指体重在 20 吨以下的坦克。它具有较强的火力、高度的机动性和一定的防护力。主要是用于装备坦克部队和机械化步兵(摩托化步兵)部队的侦察分队、空降兵和海军陆战部队，同时也适用于侦察、警戒和特定条件下的作战。

　　轻型坦克是相对于传统中型和重型坦克而言的，外形小、重量轻、速度快、通行性高的战斗坦克。主要用于主战坦克不便通行和展开的地区执行战斗任务；也广泛装备坦克部队和机械化步兵部队的侦察分队。它较适合于山地、丘陵、水网稻田和沿海地区使用，且便于空运、空投和登陆作战。

法国AMX-13轻型坦克

　　法国于20世纪50年代研制成功。这种坦克最大的特点就是采用了摇摆式炮塔结构，采用了自动装弹机，乘员为3人。

　　轻型坦克在历次大战中曾充分发挥自己快速机动的长处，起了一定作用。战后，除一些发展中国家仍作为主要装备使用外，在大量装备使用主战坦克的国家里，轻型坦克通常被用作特种坦克。

瑞典IKV-91轻型坦克

　　IKV-91实际上是一种履带式反坦克歼击车。车体高度只有2.32米(到指挥塔顶)，长8.84米(包括火炮)，车体长6.41米，宽3米。战斗全重16.3吨。最大公路速度65千米/小时，最大水上速度6.5千米/小时。

装甲车

　　装甲车是装有武器和拥有防护装甲的一种军用车辆，按行走机构可分为履带式装甲车和轮式装甲车。装甲车是坦克、步兵战车、装甲人员输送车、装甲侦察车、装甲工程保障车辆及各种带装甲的自行武器的统称。

　　在装甲车辆中，除坦克、步兵战车和装甲人员运输车这三种主要车型外，还有装甲侦察车、反坦克导弹发射车、自行高炮、自行火炮和自行火箭炮，以及工程保障和后勤技术保障车辆等。

美国V-600装甲战车

步兵战车

步兵战车是供步兵机动作战使用的装甲车辆，主要用于协同坦克作战，也可独立作战，消灭敌轻型装甲战斗车辆、火力支撑点、软目标及各种反坦克武器，必要时还可对付敌坦克及低空飞行的空中目标，步兵战车是60年代发展起来的一种新型装甲战斗车辆，它主要是为了满足现代战争条件下步兵协同作战的需求而发展起来的，在战术运用和设计思想上力求保持与坦克相当或快于坦克的行驶速度，与之协同推进和配合作战。在机动性方面，要求公路行驶速度达65～80千米/小时，行程达500～600千米，最大爬坡31度，越壕宽1.5～2.54米，通过垂直

BMP步兵战车

BMP系列步兵战车以BMP-1步兵战车为基型车。该车于1966年装备苏军，除苏联外，华约各国、朝鲜、古巴、印度、埃及、伊拉克、伊朗等二十多个国家也装备了该车。BMP-1共生产了约24000辆。

武士履带式步兵战车

武士履带式机械化步兵战车，由英国GKN-桑基公司生产，1985年，MCV-80步兵战士被正式命名为武士型。1986年1月开始批量生产。第一批生产型车辆于1986年12月完成。主要武器是拉登30毫米机关炮、辅助武器为1挺7.62毫米的L94A1机枪、烟幕弹发射器2组，每组4具。乘员10人。主要装备英军驻德国部队。

中国十大元帅之罗荣桓

　　罗荣桓（1902～1963），中国人民解放军和中华人民共和国缔造者之一，中国人民解放军政治工作奠基人。三湾改编，罗荣桓是最早的七个指导员之一，也是其中学历最高的一位。他战功显赫，开辟了党在山东的抗日根据地，活跃了整个山东抗日战场。政治、军事双方面的才能将他铸就成了十大元帅中优秀的政治元帅。

　　障碍高 0.6～1 米，多数能涉水和浮渡过河，水上速度 6～8 千米/小时。步兵战车战斗全重一般为 12～28 吨，乘员 2～3 人，载员 8～9 人，必要时可空降或伞降，以提高其远程机动能力。

LAV-25

　　LAV-25 是美国海军陆战队的 M2 布莱德雷步兵战斗车，是一辆全天候、全地形的轻型装甲载具，具有在战场上迅速移动军火和部队的能力。以一具 275 匹马力的柴油引擎为动力，LAV-25 最高速度可达 65 英里，而它的传动装置可以在四轮或八轮驱动间切换，使其能够爬 60 度的陡坡。它是完全的两栖载具，可以渡过河流或湖泊甚至于抢滩时在近海作业。LAV-25 的武装包括一门 25mm 主炮塔，一门和主炮同轴的 7.62mm 机枪，以及一门安装在指挥官舱口外的 7.62mm 机枪。

LAV-25 是针对美国海军陆战队的需求研发，是能在海岸甚至于沙漠等各种地形上作业的突击载具。由三名人员操作（驾驶、炮手和指挥官），LAV-25 最多可以搭载额外四名士兵和他们的装备。LAV-25 的主炮既敏捷又具威力，它可以摧毁诸如直升机和低空飞行的飞机等空中目标，以及压制敌方地面据点。

🔍 M2 "布雷德利" 步兵战车

马尔·布雷德利是美国陆军的五星上将,第二次世界大战时,他在北非战役、西西里岛登陆战役和诺曼底登陆战役中,立下了赫赫战功。为了记住这位功勋卓著的将军的威风,美国以他的名字来命名 M2/M3 战车。M2 "布雷德利" 步兵战车于 1980 年正式投产,1983 年起装备美军机械化师和装甲师,用来协同 M1、M1A1 主战坦克作战。M3 和 M2 同出一宗,外貌相差无几,只是内部结构有所差异。M2 的战斗全重 22.59 吨,乘员 3 人,载员 7 人;M3 的战斗全重 22.44 吨,乘员 3 人,侦察兵 2 人。

瑞典 CV-90 步兵战车

CV-90 步兵战车是 1985 年开始研制的,1988 年首辆 CV-90 出世。它以攻击力机动力强、速度达 70 千米/小时而引起一时轰动,被人喻为 "北欧飞刀"。从那时至今还不到 20 年时间,它已发展出由 3 代步兵战车和多种变型车组成的 CV-90 履带式装甲战车车族。

"黄鼠狼"步兵战车

"黄鼠狼"步兵战车，是一种很有特色的步兵战车。最突出的一点，它是世界上最重的步兵战车之一，战斗全重达到28.2吨，车长为6.79米，车宽3.24米，车高（至炮塔顶）为2.985米，车体顶部高1.9米，车底距地高440毫米。车体和炮塔高度较高，主要是考虑欧洲人高大、强调乘坐舒适性的结果，这和俄罗斯制步兵战车过分强调外形低矮，形成鲜明对比。

"黄鼠狼"步兵战车有4名乘员，6名载员。"黄鼠狼"步兵战车的主要武器为1门Rh202型20毫米机关炮，由莱茵金属公司生产。该炮为气动复进式，弹带供弹，遥控操纵射击，结构简单，可靠性高。

意大利VCC-80标枪步兵战车

1982年，意大利"陆军再装备计划"启动后，陆军采购经费增加。仅用10年左右时间，意大利就相继研制出了"公羊"主战坦克、"半人马座"轮式装甲车、"美洲豹"轮式装甲车和"标枪"步兵战车。20世纪90年代研制成功的"标枪"步兵战车（音译为"达多"或"达尔多"步兵战车）为VCC-80步兵战车的进一步改进型。它战斗全重为23吨，乘员3人，载员6人，主要武器是1门25毫米机关炮，另有"陶"式反坦克导弹发射器，携8枚"陶"式反坦克导弹。它的武器除主炮和"陶"式反坦克导弹外，炮塔两侧各有4具一排的76毫米烟幕弹（榴弹）发射器。在炮塔上进行炮换机枪等武器的拆卸和安装非常简便，不需要借助特殊的工具。它配备的数字化火控系统在当今世界步兵战车中是非常先进的。综合作战能力和技术先进程度使"标枪"战车跻身世界最先进的步兵战车之列。

BTR-90步兵战车

新型BTP-90（西方称BTR-90）轮式步兵战车由俄罗斯阿尔扎马斯机器制造厂制造。是未来俄罗斯陆军最主要的轮式战车，用于非常规作战。

BTR-90型轮式步兵战车重17吨，路面最大行驶速度达100千米/小时，在遭到严重破坏的路面上行驶仍可达到50千米/小时。BTR-90可随时趟过水中障碍，在4个轮胎完全损坏的情况下仍具有战场转移能力。它可运送10名全副武装的士兵。它具有全方位抵御14.5毫米机枪弹的防护力，披挂附加轻质陶瓷复合装甲后，能防RPG-7反装甲火箭弹攻击。整车造型更加简洁流畅。

BTR-90装置"风暴"-K型炮塔。炮塔重2.5吨，采用防弹铝合金材料加附加钢装甲和复合材料的"三明治"结构，能够抵御152毫米炮弹碎片的攻击。炮塔内配有昼（夜）瞄准镜的火控系统、前视第二代红外探测器，以利精确瞄准目标和命中目标。BTR-90配备的武器有一门30毫米口径的2A42型机关炮、一具AGS-17榴弹发射器、一套"竞技神"反坦克导弹系统和一挺7.62毫米机枪。2A42型机关炮采用双弹匣供弹，可在白天和夜间对2.5千米以内包括坦克在内的各种目标实施精确打击。"竞

小博士乐园

中国十大元帅之徐向前

徐向前（1901～1990），伟大的无产阶级革命家，杰出的军事家。中国人民解放军创建人和领导人之一。他在30岁时就成为红军时期的方面军总指挥，并第一次指挥红军歼灭了国民党的一个整编师。他还是第一个指挥过飞机的解放军高级将领。

技神"型反坦克导弹前端装有伸缩式探针，采用串联空心装药战斗部，专门攻击披挂爆炸反应式装甲的坦克。BTR-90的总体作战效能已超过了现役的轻型坦克。

美、英"数字化侦察战车"

"数字化侦察战车"成为世界各国争相研制的陆军新宠。它速度快、机动性好，具有极佳的隐蔽性，配备有先进的武器系统、乘员保护系统及数据采集、处理、传输系统，是未来中小型冲突中执行前线巡逻任务、敌后侦察和破坏活动必不可少的装备。美、英联合研制的未来装甲侦察车便是这些"数字化侦察战车"的杰出代表，目前该项目已进入样车测试阶段。

"鼬(yòu)鼠"空降侦察车

德国"鼬鼠"履带式空降侦察车是为满足德国空降兵部队的需要研制的。根据安装的武器不同，可分为机关炮型和导弹型两种车型。机关炮型"鼬鼠"履带式空降侦察车的炮塔上装1门机关炮，火炮与弹药箱之间有双弹链输弹机构。导弹型"鼬鼠"履带式空降侦察车安装反坦克导弹发射装置。

变型车有：通信指挥车、防空导弹发射车、侦察车、救护车、装甲输送车、布雷车等。

"非洲小狐"装甲侦察车

"非洲小狐"车身低矮，车体采用了多种隐形技术，能够有效减小雷达反射面积和车辆红外信号特征。它的装甲防护采用模块化设计概念，能防御穿甲地雷和轻武器袭击。车内"三防"系统与空调系统结合成一体，还有自动火警和灭火系统。车上配有自卫武器，通常是一挺机枪或一具40毫米自动榴弹发射器。别看它火力和防护装甲皆不出色，但它的机动力和战场生存力却都如非洲小狐那样棒。它车长5.71米，车宽2.55米，车高1.79米，战斗全重10.5吨。这使它可通过空运、水运或陆路运输，战略战术机动性很强。它跑起来体态轻盈，行速快捷，拐弯灵活，越野伶俐。它的最大公路速度达112千米/小时，公路行程1000千米，爬坡60度，涉水深1米，机动性能超过了美军的"悍马"车。

英国费列特轮式侦察车

1947年英国陆军提出了用新的侦察车取代二次世界大战时期应用的戴姆勒公司的丁戈侦察车。1948年末，戴姆勒公司获得了设计生产代号为FV701的新型侦察车合同，1949年完成第一辆样车，次年送英国陆军试验后被采用，取名为费列特。

MK2型车是费列特的5个车型之一。为全焊接车体，驾驶舱在前，战斗舱居中，动力舱在后。驾驶员的前面及两侧共有3个窗口，都装有No.17整体式观察潜望镜。前窗可折放到斜甲板上以扩大视野，并可换为带刮水器的防弹玻璃窗，两侧窗可向外往上开启。

手动炮塔上的1个单扇舱盖可在3个不同位置上锁定。炮塔可360°旋转；后部可折放至水平位置形成座位；顶部前端有1个机枪瞄准用的AFV No.3 MK1潜望式瞄准镜。

炮塔座圈下车体两侧有带玻璃的观察缝，战斗室后面有2个舱盖可打开用于观察。前后轮之间车体两侧各有1个安全门，

左侧门上带有备用轮，右侧门上带有 1 个储存箱。

美国M3履带式侦察车

M3 履带式侦察车，是在 M2 基础上改进而成，是美军装备的新型装甲侦察车。1983 年开始装备美军机械化部队中的侦察分队。该车参加了海湾战争，主要执行侦察、警戒和掩护任务。

M3 的总体结构和性能与 M2 步兵战车基本相同，主要差别为：M3 乘员 3 人，载员减少为 2 名侦察兵，战斗全重降为 22440 千克。25 毫米机关炮备用炮弹增为 1200 发，备用"陶"式导弹自 5 枚增加到 10 枚。5 名人员均穿戴"三防"服装，通过三防服上的软管与新型特种气体过滤器相连。

主要特点：配备了"哈隆"自动灭火装置，可在中弹起火后 0.2 秒内感知并熄灭火灾；配有先进的热成像瞄准镜，具有全天候侦察和作战能力。

主要问题：装甲防护较弱；缺乏与主战坦克交战能力；无激光测距仪和定位导航系统，在沙漠易迷失方向。

法国潘哈德VBL轮式侦察车

该车车体是由克勒索－卢瓦尔工业公司制造的全焊接 THD 钢结构，发动机在车前部，乘员舱位于后部。驾驶员位于乘员舱的左侧，车长居右。有上部装防弹玻璃窗的侧门，每 1 名乘员前面有带电动刮水器的防弹玻璃窗。驾驶员有 1 具应急潜望镜。驾驶员和车长顶上各有 1 个舱盖。乘员

俄罗斯BTP-80型轮式装甲输送车

1984年开始装备。可跨越2米宽的壕沟和30度的陡坡，在多石的山路、沙漠、雪地也能通行，不经准备即可涉水通过，水上能抗 2～3级风浪，并能用安-22和伊尔-76等大中型运输机空运。该车主要装备摩托化部队，用于快速输送步兵，车载步兵可乘车或下车战斗，必要时也可伴随坦克作战。

舱的后半部侧面均为斜面，后面有1个大车门，后面顶上有单扇圆舱盖。车辆经2分钟准备便可入水，在水上由后部的单个推进器驱动。装备米希林军用轮胎，可使车辆在无气情况下以30千米/小时行驶50千米，安装标准的轮胎压力调节系统。出口的该车可选用水陆两用、三防、空调、被动夜视潜望镜、加温器和动力辅助转向等装置。

"狐"式装甲输送车

德国"狐"式装甲输送车是德国陆军现役的主要轮式装甲人员输送车，于1979年开始装备德国陆军。该装甲输送车战斗全重17吨，乘员2人，载员10人。可根据任务的需要选用不同武器既可以安装机枪，又可以安装机关炮，并且还在试验一种新式炮塔。车体为钢板焊接结构，局部采用间隙装甲。车体左侧装有6具烟幕弹发射器。该型车最大时速105千米/小时，最大行程800千米。

"皮兰哈"2型装甲车

"皮兰哈"2型最高公路时速可以达到100千米/小时，越野时速65千米/小时。可在水中以10.5千米的时速前进。加拿大制造的LAV2型（以"皮兰哈"2型为原型车）使美军在索马里的行动中创下了没有乘员因地雷受伤的纪录。该型车加装的武器非常多样化，包括多口径的炮塔以及各种防空和反坦克导弹系统。

M113装甲输送车

　　美国M113装甲输送车是美国现装备的制式装甲人员输送车，越野机动性能优越，可空投空运和水陆两用。采用不同零部件和改装车顶结构即可适用多种用途。美国陆军很重视M113车族的现代化改进。1964年M113Al装甲车定型生产后，又先后发展了M113A2，M113A3两种车型，而M113Al车目前已停止生产。

　　M113型车是美国投产的第一种铝合金装甲车辆，主要用于协同M60A3坦克作战，但不具备与M1坦克协同作战的机动性和战斗力。M113的部件大都结构简单、经济实用，铝合金车体能保护车内人员不受枪弹或弹片的伤害，但火力较弱，仅有1挺装在车长指挥塔上的12.7毫米机枪，由车长操纵，没有瞄准镜和夜视夜瞄装置。车上没有射孔，载员不能在车上作战。

法国VBCI轮式装甲车

　　20世纪90年代后期，法国曾研制出新型"维克斯特拉"(8×8)装甲车。多数国家的装甲车采用的是钢装甲，而"维克斯特拉"不同，它采用了铝合金装甲。该车战斗全重28吨，乘员4人，主要武器为1门105毫米火炮。为增强装甲防护力，战时可挂装反应装甲。此后，法国开始重点研制能协同"勒克莱尔"主战坦克作战的VBCI(8×8)步兵战车。VBCI步兵战车战斗全重为27吨，车体也采用焊接式铝合金结构，并敷有一层钛合金装甲。该车乘员3人，载员7人，新型单人炮塔上装有1门M811型25毫米机关炮和1挺7.62毫米并列机枪，并装有辅助防御系统和反导红外假目标系统。

奥地利"潘德"装甲车

"潘德"(Pandur, 也称"游骑兵")装甲车最早是斯泰尔·戴姆勒－普赫公司于20世纪70年代末根据奥地利陆军对装甲侦察车的需求研制的。

"潘德II"是一种性能优异的作战平台, 而且变型能力强, 可根据需要加装不同的武器系统以形成多种用途的装甲车辆。特别是其中的8×8车型由于空间和载重能力更大, 所以可加装的武器系统能力也更强。

AAV7两栖突击车

AAV7两栖突击车, 是美国根据LVTP7原型, 于1983年改进为AAV7系列后, 在1999年再次改进为第三代AAV7A1 RAM/RS车型, 目前全世界只有美国、意大利使用。AAV7A1型两栖突击车, 曾在两次伊拉克战争中大出风头, 以超强的机动能力协助美军迅速攻占巴格达, 除此, 还参与过美军陆战队在格林纳达、科索沃及索马里的行动。有关军方称, 几乎胜任所有地形作战的AAV7A1 RAM/RS两栖突击车, 是目前全世界性能最优异的两栖战斗车辆。

一般水陆两用装甲车辆的装甲都较薄, LVTP-7装甲车的车体干脆就是铝合金焊接结构。要保证良好的浮力, 车辆密封性能尤为重要, 一般水陆坦克的通气口等均开在车顶部, 美国海军陆战队的LVTP-7装甲车在3.5米高的海浪中, 可全车沉没10~15秒钟, 可见其浮力储备系数和密闭性能是比较好的。

美国AAAV先进两栖突击车

AAAV两栖突击车设计新颖，在结构上采用滑行车体。滑行车体型车辆的水上运动与赛艇相似，不是靠浮力支持车体在水面上滑跑，从而使车辆获得较高的速度。采用伸缩性液气弹簧悬挂装置，水上行驶时可回缩至紧贴车体位置，以此来减少滑行阻力，弹出后又便于陆上行驶。车体采用由铝合金和玻璃纤维强化塑料制造的复合材料，并附加了一些铝合金装甲块，防护能力很强。

该突击车战时全重33.8吨，乘员3名，可搭载18名全副武装的海军陆战队员。该车陆上行驶能力和越野机动力可与M1"艾布拉姆斯"坦克相媲美，其最大时速可达72千米，最大陆上行程482千米。它的水上行驶时速可达46千米，最大行程120千米，大大优于现役的两栖战车。AAAV

AAV7两栖突击车

两栖突击车上装备有一门30毫米"大毒蛇"Ⅱ型机关炮和一挺7.62毫米M240型并列机枪，此外还配有"陶"式反坦克导弹系统，其火控系统为全解式火控系统，车上的电子设备也十分先进，装备有包括卫星通信在内的多波段无线电台、全球卫星定位系统、AN／VSQ—1型雷达等，具有较强的指挥控制能力，能较好地满足未来战争的需要。

AAAV两栖突击车的作战特点是实现了超视距突击登陆，突击登陆部队可在离岸40千米或更远的舰船上下水，向敌海岸防御薄弱地域发起快速、突然的立体突击登陆，从而使传统的三阶段两栖突击登陆方式（舰上机动、由舰到岸的机动和岸上机动）变为两个阶段，即舰上机动和由舰到岸上目标的机动，使突击行动更加突然、迅速。

美国EFV两栖远征战车

在伊拉克战争中，美国海军陆战队仍在使用1971年开始服役的AAV7系列两栖装甲战车，但随着美国新型EFV两栖远征战车的批量生产，AAV系列战车将逐步被取代。

该战车也是由3人驾驶，可以承载17名全副武装的海军陆战队队员。两栖远征战车在陆地上的最高时速为72千米，在水中的最高时速可以达到46千米，是过去两栖突击车的3倍。并且，它装备有火力更为强大的30毫米口径机关炮和同轴7.62毫米口径机关枪。随着该战车的批量生产，不久将会完全取代目前正在服役的AAV7A1两栖突击战车。

美国AAV7突击战车

该车战斗全重23.9吨，乘员3人，载员25人，车长7.9米，车宽3.3米，最大速度72千米/小时，水上行程13.5千米/小时，最大行程480千米。

但是，两栖远征战车作为装甲战车也存在很多局限性。它当初的设计是计划与美国海军陆战队的M1A1艾布拉姆斯坦克相配合使用，因此它根本无法抵制像BMP-2或法国的AMX-10步兵战车的火力，更不用说坦克的袭击（甚至连100毫米T-55火炮的都不能抵挡）。当然，在保护性能上两栖远征战车与AAV7A1两栖突击战车相比还是取得了较大的提升。

美国XM808"缠绕者"装甲车

美国洛克希德公司1970年的装甲车项目。8×8驱动，两个车体铰链在一起，动力各自独立。20毫米M139机炮，乘员3人。

中国VN-3型四轮装甲

该车可以配备一个单人炮塔，既可以采用12.7毫米口径机枪，也可以采用14.7毫米口径机枪。该车的钢质车身呈"V"型，其设计目的是保护武装士兵，避免遭到地雷和轻武器火力的攻击。

第五章 导弹基地

导弹是"导向性飞弹"的简称，是一种依靠制导系统来控制飞行轨迹，可以指定攻击目标，甚至追踪目标动向的无人驾驶武器。其任务是把战斗部装药在打击目标附近引爆并毁伤目标或在没有战斗部的情况下依靠自身动能直接撞击目标。

10分钟
了解导弹

火箭和导弹

导弹是火箭，但火箭不一定是导弹。

什么是火箭呢？依靠火箭发动机推进的飞行器统称为火箭。因为绝大多数导弹是用火箭发动机推进的，所以，导弹称为火箭也是对的。

火箭根据能否对其飞行施加控制而分为有控火箭和无控火箭。携带爆炸装药（普通炸药或核装料）的军用有控火箭就叫作导弹。

发射人造卫星和宇宙飞船的火箭是可控制的，那么为什么不称它为导弹呢？因为它们上面携带的不是炸药，不能称其为弹，当然也就不称其为导弹了。

习惯上，人们称无控火箭为火箭，称装有战斗部（爆炸装药）的军用有控火箭为导弹，称发射人造卫星或宇宙飞船的有控火箭为运载火箭。

美国"海长矛"反潜导弹

该导弹原名"防区外发射反潜导弹"，是一种远程反潜导弹。该导弹既可从MK41垂直发射装置中发射，也可从标准的潜艇鱼雷发射管中发射。射程100海里。

以色列"箭-2"反战术弹道导弹

以色列"箭-2"系统是世界上第一个试验性实战部署的高层反战术弹道导弹专用型地空导弹武器系统，也称为"箭-2"战术弹道导弹防御系统，由以色列和美国联合研制，主要用于拦截近中程战术弹道导弹。该弹长6.3米，弹径800毫米，重1300千克，最大射程和拦截高度都是"箭-1"的两倍。右图为1997年3月11日进行的"箭-2"第四次发射试验。

116

V-1导弹和V-2导弹的首次亮相

1942 年 12 月，德国研制的一种飞航式火箭获得成功。这种火箭被命名为 V-1 型导弹。1944 年 6 月 12 日，德国使用 V-1 型飞航式地对地导弹袭击了英国首都

伦敦，这是世界上首次在实战中使用导弹。从外形上看，V-1 是一架小飞机，以喷气发动机为动力，但它却装 700 公斤的炸药，射程为 370 公里。这次轰炸中，英国遭受了重大的破坏。

1944 年 9 月 8 日，德国又向英国伦敦发射了第一枚 V-2 导弹，V-2 在伦敦市区爆炸，在伦敦引起了很大的恐慌。V-2 是最大射程约 320 公里的液体导弹，采用遥控进行指导，被认为是真正意义上的导弹。

从 1944 年 9 月到 1945 年 3 月，德国共发射了 3745 枚 V-2 导弹，其中有 1115 枚击中英国本土，2050 枚落在欧洲大陆的比利时安特卫普、布鲁塞尔、列日等地。还有 582 枚用于发展、改进和训练。从袭击英国造成的人员伤亡看，V-2 共炸死 2724 人，炸伤 6476 人，对建筑物的破坏也相当大。

二战后导弹飞速发展

第二次世界大战后，德国 V-1、V-2 导弹在第二次世界大战的使用，让各国意识到了导弹对未来战争的作用。战后不久，美、苏、瑞士、瑞典等国都恢复了自己在第二次世界大战期间已经进行的导弹研究与试验活动。英、法两国也分别于 1948 和 1949 年重新开始导弹的研究工作。

于是，一大批中远程液体弹道导弹及多种战术导弹很快便出现了，并相继被用于装备部队。在 1953 年的朝鲜战场上，美国使用的视遥控导弹就是这个时期出现的。这时期的导弹命中精度低、结构质量大、可靠性差、造价也非常昂贵。

进入 20 世纪 70 年代中期以后，导弹又进行了全面的更新，导弹的命中精度和可靠性也有了很大提高，出现了反舰导弹、反坦克导弹和反飞机导弹等一大批新型导弹。

20 世纪 80 年代末以来，世界形势发生了巨大变化。新的国际形势，新的军事科学理论，新的军事技术与工业技术成就，必将为导弹武器的发展开辟新的途径。未来的战场将具有高度立体化、信息化、电子化及智能化的特点，新武器也将投入战场。为了适应这种形势的需要，导弹正向精确制导化、机动化、隐形化、智能化、微电子化的更高层次发展。

导弹对现代战争的巨大影响

导弹自第二次世界大战出现以后，便受到各国普遍重视，得到了很快发展。导弹在战争中的使用，给现代战争的战略战术带来了巨大而深远的影响。使用导弹，一场战争会突然爆发，破坏性也会特别大，战场的规模和范围也会扩大。

海湾战争，是将导弹用于现代战争最突出的例子。1991 年 1 月 17 日凌晨，以美国为首的多国部队突然对伊拉克进行了猛烈的轰炸，轰炸中伊拉克的政府大楼、国际机场、导弹基地、生化武器工厂等目标很快便被严重破坏，整个巴格达被炮火包围。

导弹技术是现代科学技术的高度集成，也是衡量一个国家军事实力的重要标志之一，被誉为是"现代战争之剑"。

世界
导弹之最

🔫 射程最远的导弹

世界上射程最远的导弹当属俄罗斯的SS-18导弹,冷战时期,北约将其称为"撒旦",也就是"恶魔"的意思。同时它也是世界上体积最大、威胁力最强的导弹之一。它一次最多可以携带10枚核弹头,是美国最为忌惮的俄罗斯核武器。目前SS-18导弹仍在服役之中。

📐 命中精度最高的导弹

美国的"和平卫士"MX洲际弹道导弹称得上是当今世界上命中精度最高的导弹。弹长21.6米,弹径2.34米,弹头威力为50万吨TNT。"和平卫士"的制导系统是当今世界上最先进的,弹载计算机每秒计算18.5万次,命中精度90米,有着摧毁世界上任何硬目标的能力。

🔍 最先采用垂直发射的近程导弹

俄罗斯"道尔"地空导弹是世界上最先采用垂直发射的近程导弹,主要用来摧毁敌方入侵的飞机和直升机,也可以用来摧毁敌方的精确制导武器、巡航导弹和弹道导弹。"道尔"地空导弹采用了三坐标搜索雷达,可以对48个来袭目标做出判断,并对其中的10个目标进行跟踪。

最先从水下发射的导弹

最先从水下发射的导弹是美国的"北极星"A1潜地弹道导弹。1960年7月，美国乔治·华盛顿号核潜艇首次水下发射"北极星"A1潜地弹道导弹，而发射这枚导弹的潜艇也是世界上第一艘弹道导弹核潜艇。

最先大规模使用导弹的战争

在1982年的英阿马岛战争中，导弹被首次大规模投入使用。在这次战争中，交战双方所使用精确制导武器达17种之多。其中，英国共使用了13种，包括AIM—9L"响尾蛇"空空导弹、AM—39"飞鱼"空舰导弹等。这次战争被世界军界人士称为是"导弹时代的首次战斗"。

小博士乐园

柏林会战

1945年春，苏军以三个方面军250万人的兵力进入德境。德军调集军队约100万人死守柏林。苏军在对柏林的强攻中采取多路向中心推进的方式，于4月27日进入柏林中心区，29日开始强攻国会大厦。30日希特勒自杀，5月2日柏林卫戍司令率部投降。整个战役，共消灭德军93个师，俘获官兵约48万人，缴获火炮8600门、坦克和自行火炮1500余辆、飞机4500架。

和导弹

面对面

导弹共分多少类

导弹是一种装有弹头、动力装置并能制导的高速飞行武器。它种类繁多，用途各异，目前仅在役导弹就有 300 多种，其中可供海军使用的导弹就有 120 多种。

按作战使命分，一般可分为两类：战略导弹和战术导弹。其中，人们习惯把射程 2000 千米以下的称为战术导弹。

按作战用途分，一般分为 14 类：地对地、地对空、空对空、空对地、空对舰、舰对地、舰对舰、岸对舰、舰对空、潜对舰、潜对地、潜对空、空对潜、潜对潜。有人也

俄罗斯米格—31机载导弹

沿用国外常用的 Surface 一词（即"地球表面"），把上述 14 类简化为四大类：面对面、面对空、空对面、空对空。

美国"狱火"反坦克导弹

该导弹为激光制导导弹，弹长 1.625 米，弹径178毫米，弹重45.7千克。

按所攻击的目标分，即不管是从什么平台发射的，只以弹着点为准。这样，可分为 8 类：防空导弹、反舰导弹、反潜导弹、反坦克导弹、反辐射导弹、对地攻击导弹、反卫星导弹、反导弹导弹等。

按导弹射程分，一般分为 4 类：近程导弹（1000 千米以内）、中程导弹

（1000～3000千米）、远程导弹（3000～8000千米）和洲际导弹（8000千米以上）。

对于空、海军所用的战术导弹，在空对空导弹中，可分为：近距格斗导弹（0.3～5千米）、中距导弹（5～30千米）和远距拦截导弹（30～180千米或更远）。

在反舰导弹中，可分为：近程导弹（40千米以下）、中程导弹（40～200千米）和远程导弹（500千米以上）。

按飞行弹道分，一般可分为两种：弹道导弹和巡航导弹（飞航导弹）。

弹道导弹是一种由火箭发动机推送到一定高度和一定速度后，发动机关闭，弹头沿预定弹道飞向目标的导弹。由于这种导弹靠反作用推力飞行，大多在无空气或空气稀少的高空飞行，因而没有弹翼。巡航导弹是在

"陶"式反坦克导弹

美国研制的一种光学跟踪、导线传输指令、车载筒式发射的重型反坦克导弹武器系统。主要用于攻击各种坦克、装甲车辆、碉堡和火炮阵地等硬性目标。在海湾战争中，多国部队共发射了600多枚此导弹，击毁了伊拉克军队450多个装甲目标。导弹采用红外线半主动制导，最大射程为4千米，最小射程为65米。

法国、德国"霍特"反坦克导弹

该导弹由法、德两国联合研制。法国将这种导弹装备在轮式装甲车或直升机上，德国则装在"美洲豹3"型履带装甲车上。其最大射程4千米，最小射程75米，速度75～260米/秒。战斗部重6千克，装烈性炸药。动力装置为两级固体燃料火箭发动机。制导系统为有线制导或红外自动遥控。全长0.75米，弹径0.136米，全重22千克，破甲厚度700毫米。

大气层内飞行的导弹，其外形与飞机相似，靠弹翼和尾翼来产生飞行的升力并保持稳定，因而也称作有翼导弹。

"标枪"反坦克导弹

标枪是美国研制的便携式反坦克导弹，不仅用于肩扛发射，也可以安装在轮式或两栖车辆上发射。兼有反直升机能力，是一种实现全自动导引的新型反坦克导弹，具有昼夜作战和发射后不管的能力，射程1000米。全武器系统由导弹和发射

标枪反坦克导弹

装置组成。系统全重22.5千克，弹径114毫米，弹长957毫米，弹重11.8千克，串联战斗部以顶攻击方式攻击目标，垂直破钢甲750毫米。图像红外寻制导，采用两级固体推进器。

"米兰"反坦克导弹

由法国和德国联合研制，1972年装备部队，是轻型中程第二代反坦克导弹的典型代表。

目前装备的主要是改型弹"米兰2"，装备近40个国家，英国在马岛战争中曾经大量使用过。自1984年10月以来欧导公司已经生产了3万枚。

"米兰"反坦克导弹

弹长760毫米，弹径103毫米，弹重6.7千克，系统全重27千克，破甲厚度700毫米，射程25~2000米。

美国AIM—120A先进中程空空导弹

该导弹是为满足对付未来威胁需要而最新研制的超视距中程空空导弹，以取代"麻雀"导弹。由美空军和海军联合资助。其弹长3.57米，弹径178毫米，翼展526毫米，弹重150千克。采用指令、惯性和主动雷达制导，具有发射后不用管的能力，可同时攻击多个目标，并可在敌人发射武器前发射。主要装备在美国F—14、F—15、F—10和F—18战斗机和英国、德国的"阵风"和"海鸥"飞机上。

美国"响尾蛇"空空导弹

"响尾蛇"导弹代号AIM—9是美国研制的世界上第一种被动式红外制导空空导弹，有十多种不同的型号。图中为MIM—9L。其射程为18.53千米，速度2.5马赫。具有全向攻击、近距格斗能力。弹长2.87米，弹径127毫米。曾被人们称为"超级响尾蛇"。

俄罗斯R—73E

俄罗斯在空空导弹研制方面有很强的实力，已经服役和出口的有多种型号，如安装可更换红外或雷达导引头的中远程R—27，但最有影响的是R—73和R—77导弹。

R—73是苏联温贝尔设计局研制的红外型空空导弹（北约国家称之为AA—11"射手"），于1987年服役。该弹以高机动能力而著称。R—73K出售给国外的代号为R—73E，R—73L的出口型号是R—73LE。

"不死鸟"

"不死鸟"AIM—54A曾是西方国家装备部队的重量最大、射程最远的空对空导弹之一。该弹于1962年开始研制，1972年装备部队，1980年停产。它主要配挂在美国海军的舰载机F—14"雄猫"飞机上，一次可挂 6 枚。F-14 的机载雷达具有制导多枚空对空导弹攻击多个目标的能力。该机曾在试验中用 6 枚"不死鸟"击落不同方向、不同高度的 6 个目标，从而震惊了世界。该弹的一大特点是可以采用多种制导方式攻击目标。在拦截目标的过程中，它可根据不同情况，采取主动雷达制导、半主动雷达制导以及干扰源寻等制导方式。

"不死鸟"导弹的弹头处装有一部主动雷达，这种弹上雷达的探测距离可达18千米左右。AIM-54A是一种大型空对空导弹，能使用它的飞机不多，该弹长3.96米，弹径0.381米，翼展0.914米，发射重量443千克，战斗全重60.3千克，射程150千米左右，最大速度约等于M数5，允许发射过载3～4g，单轴最大过载17～22g，最大跟踪角约15度。

美国AIM-120阿姆拉姆空空导弹

"阿姆拉姆"空空导弹是美国研制并装备使用的第四代先进中距空空导弹，也是当今世界上最先进入现役的、具有发射后攻击能力的中距空空导弹。1991 年首先进入美国空军服役，1993 年进入美国海军服役，并向国外大量出口。

1991年9月，AIM-120A就已经开始装备美国空军的F-15重型战斗机，翌年2月又装备在F-16战斗机上。美国海军的F/A-18大黄蜂则在1993年10月首次换装这种先进空对空导弹。1992年12月，AIM-120取得了服役以来的首次战果，击落了伊拉克空军的一架米格-25"狐蝠"战斗机。此后，又相继在伊拉克和南斯拉夫战争中取得多次战果。

英国"阿斯拉姆"AIM-132先进近距空空导弹

该弹是根据 1980 年美、英、德、法四国签订的新型空空导弹系列谅解备忘录，于 1982 年由欧洲诸国联合研制，与美国联合生产，命名为"先进近距空空导弹"，并给予该弹在美国服役时的编号 AIM-132。与此同时，AIM-120 先进中距空空导弹则由美国研制，与欧洲联合生产。

该弹于 1999 年装备部队。弹长 2.9 米，弹径 166 毫米，弹重 87 千克，射程约 10 千米，完全适合装于"响尾蛇"和 AIM - 120 导弹发射架。该弹采用 128×128 单元组成的凝视成像红外导引头，其灵敏度和目标分辨率远比现役的"响尾蛇"导弹高得多。

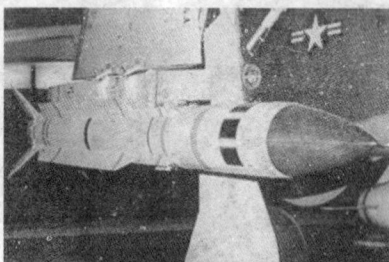

美国"哈姆"高速反辐射导弹

该导弹是一种空对地反辐射导弹，主要用于摧毁地面或舰上防空武器系统。主要装备在 F-4、A-6、A-7、F-111、F-16、F/A-18和 B-52 等飞机上。1986 年美国对利比亚的战争中使用了该导弹。其射程大于 20 千米，速度 3 马赫。弹长 4.17 米，弹径 250 毫米，制导方式为被动雷达寻的，比例导引，破片杀伤战斗部。

美国海尔法空地导弹

"海尔法"（Hellfire）导弹是美国罗克韦尔公司研制的一种直升机发射的近程空对地导弹，主要用来攻击坦克，但也用于攻击地面其他小型目标。目前已发展成包括多种型号具有多种作战功能的导弹家族。

AGM-114A 是基本型，使用半主动激光导引头，装备美国陆军；AGM-114B 具有半主动激光、射频／红外和红外成像三种导引头

选择，采用低烟火箭发动机并装有引信保险备炸装置，在尺寸、质量上比基本型略长略大。其中红外成像导引型装爆破杀伤战斗部，装备美国海军陆战队；C型与B型基本相同，只是没有引信保险备炸装置；AGM-114F装串列装药战斗部，较基本型更长、质量更大。

英国"海狼"导弹

英国海军最新一级护卫舰-23型，装备了"海狼"对空导弹的垂直发射装置，位于前主炮和舰桥之间。

AGM-65 "小牛" 空对地导弹

"小牛"空对地导弹（AGM-65Maverick）是由美国休斯顿公司和雷锡恩公司研制的一种防区外发射的空地导弹武器，它可精确打击点状目标。

在海湾战争中，多国部队的A-6、A-10、AV-8B、F-16、F-4G、F/A-18等飞机共发射了5000多枚"小牛"式空对地导弹，发射成功率约为80~90%，取得较好的战果。其中，飞机总共发射了4800枚"小牛"式导弹，共摧毁1000辆坦克、2000辆其他车辆、1300门火炮；F-16战斗机发射了450枚"小牛"式导弹，击毁伊军360辆以上的装甲车。在发射的全部"小牛"式空对地导弹中，大约有2/3是红外成像制导型的AGM-65D，有30%是电视制导型的AGM-65B。用于打坦克的通常是红外成像制导型的AGM-65D，这种导弹的单价仅7万美元，而伊军的T-72坦克价值150万美元。一枚导弹换一辆坦克，这是使用灵巧武器影响大、经济效果好的范例。

该弹有7种改型，分别为"小牛"A型、B型、C型、D型、E型、F型、G型，其代号为AGM-65。该弹的弹体为圆柱形，4个三角形弹翼与舵呈X型配置，动力装置为双推力单级固体火箭发动机，弹长2.64米，射程24千米，巡航速度略超过音速。

🔲 地地战术导弹

地地战术导弹是战术导弹家族中的一位重要成员。战术导弹与战略导弹的主要区别就是战术导弹的射程比战略导弹的射程近，攻击的目标比战略导弹要小。战术导弹主要用于攻击对方的战役战术目标。如敌军的炮兵阵地、机场、港口、交通枢纽、指挥所、坦克、舰艇、飞机、雷达等目标。

地地战术导弹是一种从地面发射、攻击对方地面目标、射程在1000千米以内的导弹。地地战术导弹的组成与导弹的构成基本一致，但它采用的是自主式制导系统或末制导系统。在海湾战争中，地地战术导弹就显示了令人瞩目的重要作用，无论是美国的"陆军战术导弹"，还是伊拉克的"飞毛腿"、"侯赛因"、"阿巴斯"导弹，都让人刮目相看。

随着科学技术的迅速发展，现代战争对地地战术导弹的要求也越来越高，为了提高地地战术导弹的性能，新一代地地战术导弹要在改进、研制和完善制导系统的技术和方法上下工夫，不断提高地地战术导弹的命中精度和杀伤威力。

印度"普里特维"SS-150地地战术导弹

该导弹为印度自行研制的一种作战能力较强的地对地战术导弹。其射程150千米，命中精度大约30米。

战略导弹

　　战略导弹是一种主要的导弹核武器。飞行距离一般在8000千米以上，核弹头当量一般为5～10万吨。用于打击对方战略目标，如对方的政治经济中心、军事和工业基地、核武器库、交通枢纽，有时也用于拦截敌方的战略弹道导弹等重要目标。战略导弹，一方面是衡量一个国家战略核力量的重要尺度，另一方面也是一个国家军事科学技术综合发展能力的主要标志。

　　战略导弹的类型也很多。按发射点与目标位置的关系，可分为地地战略导弹、潜地战略导弹、舰地战略导弹、空地战略导弹等；按作战使命，又可分为进攻性战略导弹、防御性战略导弹；按飞行弹道，可分为战略弹道导弹和战略巡航导弹；按射程，也可分为中程战略导弹、远程战略导弹、洲际战略导弹。另外，不同类型的战略导弹，它的发射装置、控制设备、发射方式也有所不同。如地地战略导弹采用的发射方式有热发射、冷发射、地面固定发射、机动发射等；潜地战略导弹是装载在潜艇上，采用的发射方式是从水下进行的冷发射；战略巡航导弹，如果该导弹安装在地面，发射方式可采用冷发射或热发射，如果该导弹安装在舰艇或潜艇上就要采取冷发射，如果安装在飞机上，就要采用投放发射方式。

洲际弹道导弹

　　洲际弹道导弹是一种长程弹道导弹（通常射程在5500千米以上），设计用途为投递一枚或多枚的核弹头。该种导弹的威力强大，常被设想成导致世界末日的核战争中使用的武器。世界上试射成功的第一枚洲际弹道导弹是前苏联的 P-7 导弹。这枚导弹于1957年8月21日从位于哈萨克斯坦的拜科努尔航天发射场试射成功，飞行了6000千米。

俄罗斯SS20"军刀"战略弹道导弹

　　总长16.49米，直径1.79米，总重量37000千克，最大射程5000千米，车载式发射或地下井发射，命中精度400米。里面装有3×15万吨当量核弹头。

"三叉戟"导弹

　　"三叉戟"Ⅱ(D5)是洛克希德－马丁公司为美国海军研制的第六代潜射弹道导弹。为三级固体推进，发射重量59吨，射程超过11000千米，可携带8个分导弹头。

民兵导弹

　　民兵导弹是美国研制的地地3级固体洲际弹道导弹。美国第一种采用分导式多弹头技术的导弹。它有3种型号。民兵Ⅰ、民兵Ⅱ为第二代战略导弹，民兵Ⅲ为第三代战略导弹。民兵Ⅲ导弹长18.26米，弹径1.67米，起飞重量35.4吨，起飞推力912千牛(顿)，射程9800～13000千米，最大飞行速度19.7倍音速，命中精度(圆概率偏差)为185～450米，作

小博士乐园

中国十大元帅之聂荣臻

　　聂荣臻（1899～1992），著名革命家、政治家、军事家、中国人民解放军创建人和领导人之一。

　　聂荣臻威震中日，打破了日军"不可战胜"的神话。他四渡赤水，破灭了蒋介石消灭红军的企图。黄土岭战斗中，他击毙了日军的"名将之花"阿部规秀中将。新中国成立后，他又接下了领导中国"两弹"的研制任务，对我国的国防现代化作出了巨大的贡献。

战反应时间 32 秒。导弹携带 3 个分导式子弹头，每个子弹头采用 MK12 核弹头，威力为 17.5 万吨当量，采用惯性制导系统，发射方式为地下井发射。

民兵 II 第二代战略导弹

伊朗"流星-3"弹道导弹

"流星-3"(Shahab-3)弹道导弹是伊朗于上世纪 80 年代后期开始自行研制的中程战略导弹，是在主要采用俄罗斯导弹技术的朝鲜"劳动-1"导弹基础上研发的。"流星-3"(Shahab-3)长度为 16 米，采用单级火箭助推方式，能够携带重约 1 吨的弹头，其射程为 1680 千米左右，足以对以色列、土耳其、南亚次大陆境内的目标，以及在海湾地区驻扎的所有美军目标造成威胁。

"白杨-M"导弹

"白杨-M"导弹是一种由三级固体燃料火箭推动的洲际弹道导弹，可携带多枚导弹头，射程达 1 万千米，发射重量 47 吨，能投掷总重 1.2 吨的弹头。"白杨-M"导弹飞行速度快，并能作变轨机动飞行，因而具有很强的突防能力。

"白杨-M"导弹有一个最大的优点：其不仅可以在最短的时间内改装成多弹头的导弹，而且其分弹头还可以单独制导，这对于在距离打击目标 100 千米处分离的弹头抗击敌方的干扰信号相当有益。此外，弹头的分离还是在战斗部每 30～40 秒自动更换飞行参数的情况下进行的，因此，敌方的反导系统不仅来不及确定弹头的分离点，也根本无法判

"白杨 SS25"导弹发射车队

定战斗部本身的飞行参数。

巡航导弹

　　巡航导弹是一种装载弹药的飞行器，有点像无人驾驶飞机，它是依靠喷气发动机的推力和弹翼的气动升力，以巡航状态在稠密大气层内飞行。也称飞航式导弹。

　　巡航导弹有战略巡航导弹和战术巡航导弹两种。战术巡航导弹飞行的距离比较近，一般为几十千米或几百千米，弹头一般为普通炸药，如反舰导弹和战术空地导弹等。而战略巡航导弹多带有核弹头，射程较远，一般在1000千米以上，主要用于打击战略目标。我们常说的"巡航导弹"，一般指的是战略巡航导弹。

　　中国远程巡航导弹研制开始于1970年末，1992年开始试行装备以X-600技术验证弹为原型，经过重大改进的"红鸟1号"巡航导弹。"红鸟"是中国最先进的全天候、亚音速、多用途巡航导弹，有很强的低空突防能力。据称，其命中精度可达到在1000千米以内误差不超过5米。

美国AGM-86B战略空射巡航导弹

　　该导弹由美国B-52H战略轰炸机携带，可从敌方防空火力圈外发射，攻击敌纵深的战略目标。其导弹长6.32米，最大直径0.60米，发射重量1360千克。巡航速度为0.7马赫，射程2500千米，命中精度30米。在1999年3月打响的北约侵略南斯拉夫联盟的空袭中，美国人投下了大量AGM-86B战略空射巡航导弹。

"战斧"式巡航导弹

　　"战斧"式巡航导弹是美国最先进的全天候亚音速多用途巡航导弹，1983年装备部队，主要有3个型号，即陆上发射巡航导弹、空中发射巡航导弹和海上发射巡航导弹。海上发射型"战斧"巡航导弹长6.24米，

直径 0.527 米，翼展 2.62 米，发射时重量（包括 250 千克的推进器）为 1452 千克。因发射的母体不同，发射方式也不同，舰艇上用的是箱式发射器，或垂直发射器，而在潜艇上既可用鱼雷发射管发射，也可用垂直发射器发射。

该巡航导弹在航行中，采用惯性制导加地形匹配或 GPS 修正制导，射程在 450～2500 千米，飞行时速约 800 千米，其命中精度达到 2000 千米以内误差不超过 10 米的程度，而且飞行高度较低，海上为 7～15 米，陆上平坦地区为 60 米以下，山地 150 米，具有很强的低空突防能力。更新型的战术战斧巡航导弹精确误差在 3 米内，飞行中可按指令改变方向，到达战场上空后能盘旋待机 2 小时。美国在 1991 年海湾战争中首次使用"战斧"巡航导弹，此后又在多次战争中使用。

AGM—86C "战斧" 巡航导弹

"布拉莫斯" 超音速巡航导弹

"布拉莫斯"超音速巡航导弹由俄罗斯 - 印度联合企业"布拉莫斯"公司负责研制，其超音速巡航时速高达 5000 千米，即使运用当前最新式的海上导弹防御系统拦截都极端困难。而导弹飞行的高度低于 50～60 千米时才会被导弹防御系统发现，这样一来，可以有效地把拦截时间减少到 30～40 秒，甚至更少。这款"布拉莫斯"公司的新产品将会应用于武装潜水艇、海上巡洋舰、岸边导弹炮台以及军用飞机。

俄制SS-N-22 "白蛉" 超音速反舰导弹

白蛉是一种昆虫。它个头儿比蚊子小，黄色或灰色的身体上长着许

多细毛，像蚊子似的会吸食人畜之血，但人们并不怕它。然而，当它要是变成了一种导弹后，就连美军的大航母也要惧怕它三分。它就是俄罗斯研发的"白蛉"反舰导弹。"白蛉"，俄罗斯编号为3M–80，北约给它编号为SS–N–22，另名"日炙"。

"白蛉"是一种超音速低空自寻的巡航导弹。"白蛉"是世界上独一无二的导弹，它在低空的飞行速度超过2马赫。在研制这种导弹时采用了三十多种发明和科学发现。比如，在"白蛉"

"白蛉"反舰导弹长9.385米，弹翼折叠时翼展为1.3米，打开时为2.1米。导弹发射重量3950千克，爆破战斗部重300千克，其中150千克为高能爆炸装药，有效射击距离为10～120千米，巡航速度2.4马赫。

导弹身上冲压式巡航发动机首次与类似于套蛙的发射装置组合到了一起。

被攻击目标要想躲避"白蛉（líng）"导弹的攻击是不可能的。当敌人发现导弹时，导弹距被攻击目标只剩下 3 ~ 4 秒钟的飞行时间。"白蛉"通过巨大的动能击穿任何舰艇的舰体，并在舰体内引爆。这种突击不仅能够击沉中型舰艇，而且还能够击沉巡洋舰。而 15 ~ 17 枚"白蛉"导弹就可以击沉整个舰艇编队。"白蛉"是世界上最出色的反舰导弹。

美国标准舰空导弹

"标准"2 是美国海军"标准"系列舰空导弹的最新型号，主要装备在"宙斯盾"巡洋舰上。用于舰队区域防空。该导弹由美国通用公司研制，1983年装备部队。

"标准"2 导弹长 4.6 米，弹径 0.34 米，翼展 1.07 米，重 610 千克，射程 74 千米，作战高度 15 米 ~ 24 千米，最大速度 3 倍音速。战斗部采用 MK90 型烈性炸药破片杀伤战斗部，重 61 千克，破片飞行速度大于 6 倍音速，且击中目标后有助燃作用。

"标准"2 导弹装备部队后多次随舰参战执行任务。1988 年 7 月 3 日，在波斯湾执行巡逻任务的"宙斯盾"巡洋舰因雷达误判目标，该导弹将一架伊朗大型客机击落。

"标准"2 导弹的主要特点：射程较远，掩护范围大，低空性能好，可攻击低空快速目标；战斗部威力大，单发可摧毁大型客机；复合制导，抗干扰能力强；发射后对发射舰依赖少。但导弹发射后飞行弹道末端采用半主动雷达制导，尚未完全实现"发射后不管"。

地空导弹

地空导弹是由地面发射，攻击敌来袭飞机、导弹等空中目标的一种导弹武器，是现代防空武器系统中的一个重要组成部分。与高炮相比，它射程远，射高大，单发命中率高；与截击机相比，它反应速度快，火力猛，威力大，不受目标速度和高度限制，可以在高、中、低空及远、中、近程构成一道道严密的防空火力网。

俄罗斯"道尔"地空导弹系统

导弹车战斗全重34吨，车长7.5米，宽3.3米，高5.1米（雷达竖起），最大速度60千米/小时，乘员3人。

"萨姆"系列防空导弹

1955年5月，第一代全天候中、高空"萨姆"－1导弹问世，这种射程达35千米、射高20千米的系统能同时跟踪30个飞行速度达1000千米/小时的目标，主要用来对付飞机。

1957年1月，射高达34千米的"萨姆"－2进入了人们的视野。之后苏联又相继研制出了"萨姆"－3、"萨姆"－4、"萨姆"－5、"萨姆"－6和"萨姆"－7导弹。特别是"萨姆"－6防空导弹，它不仅在第四次中东战争、利比亚防空作战中有出色的战场表现，在科索沃战争中，该型导弹还击落了美F-117隐形战斗机。

从20世纪70年代开始，苏联和今天的俄罗斯又研制出兼有防御轰炸机和巡航导弹等多种防御能力的"萨姆"－8（"黄蜂"）、"萨姆"－9（"箭"－1）、"萨姆"－10（S-300）、"萨姆"－11（S-400"山毛榉"）、"萨姆"－12（S-300V）、"萨姆"－13（箭－10M3）、"萨

俄罗斯"萨姆"2地空导弹

1959年10月7日，我防空导弹部队用"萨姆"-2击落了在大陆进行侦察拍照的国民党空军侦察机RB-57D，这是世界上第一个用地空导弹击落飞机的战例。继此之后，中国导弹部队又用"萨姆"-2击落了国民党U-2高空侦察机5架，为"萨姆"导弹的战争史写下了光彩的一页。在越南战场上，"萨姆"-2也让美军大吃苦头。据不完全统计，在1964年8月至1968年11月间的4年时间里，美军损失了915架飞机，其中94.85%是被"萨姆"-2等地空导弹击落的。

姆"-14（"箭"-3）、"萨姆"-15（"道尔"）、"萨姆"-16（针-1）、"萨姆"-17（Buk-2M）、"萨姆"-18（针-M）和"萨姆"-19（"通古斯卡"）等二十多种地空导弹。其中"萨姆"-15（"道尔"-M）导弹，更是设计精巧、性能优异，其战斗性能是"响尾蛇"的2.4倍，英国"轻剑"-2000的3倍。

"爱国者"地空导弹

"爱国者"地空导弹属美国第四代导弹，1980年服役，在1991年的海湾战争中首次实战应用，并多次成功地拦截伊拉克的"飞毛腿"导弹。

该导弹具有全天候、全空域、多用途的作战能力，其主要特点是反应速度快、飞行速度快、制导精度高、抗干扰能力强、系统可靠性

日本自卫队列装的PAC-2型防空导弹

好，可同时对付5～8个目标。主要用于野战防空，对付各种高性能飞机，拦截巡航导弹、战术弹道导弹等。

导弹弹长5.31米，弹径0.41米，弹重1吨，最大飞行时速7344千米，作战半径3～100千米，作战高度0.3～24千米。发射方式为四联装箱式倾斜发射，每个火力系统单元以连为单位，每连有5～8辆发射车和4部雷

美国"爱国者"PAC-3地空导弹系

达车、指控车、电源车及天线车，以及20～32枚待发导弹。

"卡什坦"弹炮合一防空系统

上世纪70年代中期，反舰导弹的威胁越来越大，世界各国海军都在寻求对策。前苏联捷足先登地搞起了"卡什坦"弹炮合一防空系统，1981年研制成功。"卡什坦"系统中的主力就是8枚SA-N-11近程防空导弹。

SA-N-11导弹由加长杆战斗部和两级火箭发动机组成，导弹的直径小，拦截速度快。加长杆战斗部的特点是作战效能与战斗部的长度成正比，与战斗部的直径成反比，这种战斗部具有定向性，可有效地切割并摧毁目标。据称，其效能是普通破片杀伤战斗部的2倍。战斗部的跟踪雷达采用毫米波技术，解决了对掠海目标跟踪时出现的镜像干扰和海杂波干扰现象。SA-N-11防空导弹备弹多达32枚，是与小口径速射炮形成弹炮合一的理想搭档。2门6管AK-630型舰炮可在2500米范围内形成密集弹幕，使目标无法通过，而SA-N-11导弹可以在8000米距离内有效拦截目标。

德联合研制的"拉姆"舰载防空系统

"拉姆"导弹是一种近程、低空舰载防空导弹，可装备在大中小型

小博士乐园

中国十大元帅之叶剑英

叶剑英（1897～1986），中国伟大的无产阶级革命家、政治家、军事家，中华人民共和国元帅、中国人民解放军的缔造者之一。叶剑英的一生主要有两大功劳：一是参加领导了南昌起义，为中国的革命保存并发展了武装力量；二是粉碎"四人帮"，保护了党的一大批老干部。而这两大功劳足以使叶剑英元帅的名字永远留在人们的心中。

荷兰守门员舰载近防系统

是一套荷兰皇家海军所用的近迫武器系统,用于船舰的近距离防御,将来袭的反舰导弹(或其他具威胁性的飞行物)加以击毁。守门员系统的组成有两个主要构件:一个自动化的加农炮以及一套先进的雷达,雷达用来追踪来袭物的飞行轨迹,决定开火拦截的前置位置,而机炮将在雷达下令后对来袭目标进行数秒钟的射击,完成拦截防卫工作。守门员系统是完全自动化的防卫系统,整个运作过程中都不需要人员介入。守门员系统也能用在机场、航空站的对空防御上。

舰艇上,用于拦击各种掠海飞行的反舰导弹和低空高速飞机。"拉姆"导弹全长2.79米,弹体直径12.7厘米,翼展26.2厘米,导弹重70.9千克。导弹最大飞行速度超过2倍音速。"拉姆"导弹发射系统包括发射架与发射架伺服控制装置。发射架有三种,第一种为"密集阵"式发射架,可装21枚"拉姆"导弹,适用于装备在大型两栖攻击舰及巡洋舰上。可对付敌方的饱和攻击。第二种为轻型发射架,装8枚"拉姆",第三种是用"海麻雀"导弹发射架改装而成,将原8格发射架中的2格改装成装"拉姆",每格装5枚,共装10枚"拉姆"。由于"拉姆"导弹能从原"海麻雀"发射架上发射,因此可大大节省购置发射架的费用。

俄罗斯AK630舰载近防系统

AK630是由俄罗斯在1970年投入装备在"基辅"级航母及"现代"级驱逐舰等舰艇上的一种近防武器系统(CIWS)。它本身是由一组六管30毫米加特林火炮,加上测控及火控系统组成,是战舰对近距来袭的敌方导弹或飞行物体一种有效的防御武器。射程3,000米,射速3,000发/分,可以360°转向。

瑞典RBS70防空导弹系统

瑞典从上世纪70年代开始,独辟蹊(xī)径,研制出了便携式地空导弹的新品种RBS70和RBS90两种型号,采用激光波束制导与激光近炸引信,能够抗各种电子干扰,且具有较好的低空性能。

主要性能：

弹长：1.32米

弹径：0.106米

全弹质量：21.5千克

最大有效射程约：6,500米

最大有效射高约：4,000米

该系统搜索、跟踪目标时有专用配套雷达；采用三通道稳定控制系统；采用无烟发动机，作战过程不辐射电磁波，使系统的整个作战特征减至最小程度，系统具有很强的生存能力；具有前视红外和电视跟踪设备，具有较强的适应能力。

第六章 舰船编队

DILIUZHANG JIANCHUAN BIANDUI

舰艇主要用于海上机动作战，进行战略核突袭，保护己方或破坏敌方的海上交通线，进行封锁或反封锁，参加登陆或抗登陆作战，以及担负海上补给、运输、修理、救生、医疗、侦察、调查、测量、工程和试验等保障勤务。

10分钟 了解军舰

在桨帆船基础上发展起来的早期军舰——战船

军舰的发展有着数千年的历史。早期的军舰被称为战船，以桨帆为动力源，所以又被称为桨帆战船。

最早出现的古战船多采用木质结构，靠人工划桨来进行推进。这个时候，战船上的武器主要是弓、箭、刀、箭等冷兵器。在古希腊、古罗马和中国的战国时期都曾出现过这种早期的战船，

后来，随着造船技术的进步，又逐渐出现了以风帆为动力的风帆战船。

风帆战船不仅可以节约人力，也大大提高了船的航行速度。风帆战船也同样采用木质结构的船身，但船上所搭载的武器除了弓、箭、刀、剑等，还开始装备上火炮一类的火药兵器。

这些风帆战船使得一些国家很快成为了海军强国、海军大国，当然也无可避免地产生了许多大大小小的海战。历史上著名的英国的"大哈里"号、西班牙的"圣·菲利浦"号，

法国的"王权"号火炮战船等，都曾在海战舞台上有过辉煌的战绩。

这些早期的战船也就是现代军舰的雏形。

蒸汽船时代军舰的发展

进入蒸汽时代后，蒸汽机成为舰船的动力源。军舰的船身也不再采用传统的木质结构，而是采用了更为坚固的钢铁。

1815 年，美国科学家富尔顿建成了第一艘以蒸汽机为动力的"德莫洛戈斯"号军舰，并在上面安装了 32 门大炮，蒸汽机军舰由此产生。

大炮巨舰

蒸汽机军舰在动力和机动性方面都要远远超过木质军舰，自我防护能力更是远远超过木质军舰，因此木质军舰很快便从海上战争中消失。

1890 年，英国人又设计出一种基本具有现代战列舰性质的主力战舰——君权级战列舰，接着又建造出无畏级战列舰和战列巡洋舰。这些战舰上都装有大口径的舰炮和厚重的装甲，具有强大的攻击力和防护力。战列舰很快便成为了海军战斗的核心力量。

军舰的发展从此进入了大炮巨舰的时代。

航母——新时代的海上宠儿

日德兰海战（1916 年 5 月 31 日 –1916 年 6 月 1 日）之中，大炮巨舰主义遭受失败，战列舰也因此逐步退出了海上主力舰的舞台。航母，开始成为新时代的海上宠儿。

航母，是航空母舰的简称，有时候也被叫做"空母"，前苏联则称之为"载机巡洋舰"。它是一种可以让军用飞机起飞和降落的大型军舰。依靠它，一个国家便可以很好地在远离国土的地方进行作战。

航空母舰上装载的各种舰载机是它作战的主要攻击武器，有战斗机、轰炸机、攻击机、侦察机、预警机、反潜机和电子战机等。另外，航空母舰上也装备有用来保护自己的武器，如火炮武器和导弹武器等。苏联的航空母舰上甚至还装备有远程舰对舰导弹。

航空母舰对国家的海防有着重大的作用，许多濒海国家都在积极筹备自己的航母建设。作为拥有广阔海洋领土的中国也不能没有航母。

目前，世界上只有阿根廷、法国、意大利、俄罗斯、西班牙、巴西、印度、英国、美国等少数国家拥有自己的航空母舰。

航母

世界 军舰之最

最早的军舰

世界上最早的真正军舰是古希腊和罗马的军舰，这些军舰在当时被称作战船，船身采用木质结构，以桨和帆来进行推进。中国在战国时期也出现了这样的战船。后来，火炮和蒸汽机相继被发明出来，钢铁也被用于军舰建造。这时候的军舰有了很大的发展，并逐渐具备了现代军舰的雏形。

最古老的专用战舰

最古老的专用战舰是英国皇家海军的"胜利"号舰艇。1759年，"胜利"号开始建造，1778年开始服役投入使用，其服役时间长达6年之久。"胜利"号索具长达43.5公里，船帆面积也高达1.6公顷。现在，这艘战舰被恢复原貌保存了下来，就停泊在英国汉普郡的朴茨茅斯，供游人参观。在这类战舰中，"胜利"号也是唯一被保存下来的战舰。

最早的装甲舰

世界上最早的装甲舰是德国的"德意志"级装甲舰。一战之后，凡尔赛合约签署，合约规定德国不能拥有性能优良的无畏型战列舰，只能保留8艘老式的非无畏型战列舰，这就大大削弱了德国的海军实力。针对此条约，德国设计了一种新的军舰。这种新的军舰采用了装甲巡洋舰的舰体和装甲战列舰的主炮，德国人称之为装甲舰，其他各国海军却称它为"袖珍战列舰"。

最早的航空母舰

英国的"勇士"号

世界公认的第一艘航空母舰是英国的"勇士"号。1917年6月，英国将一艘巡洋舰进行了改装，并在上面装载了20架飞机，于是便成为了英国的"勇士"号，世界上最早的航空母舰也由此诞生。但"勇士"号并没有将原巡洋舰的中部建筑拆除，飞机起落时既不方便又很危险。

最大的军舰

美国的"尼米兹"级航空母舰是世界上最大的军舰。其排水量在10万吨左右，能够装载各类飞机100架左右，军舰上的编制人员也有3000多人。每更换一次核燃料，"尼米兹"军舰就可以连续服役15年左右。另外，"尼米兹"也是目前世界上在役数量最多的核动力航空母舰，共有10艘在美国海军服役。

美国的"尼米兹"级航空母舰

和军舰
面对面

军舰的类别、种别和级别

　　军舰通常分为两大类，一类是战斗舰艇，另一类是勤务舰船。在同类舰艇中，根据其基本使命和执行的任务，可以划分成不同的舰种，如战斗舰艇可分成航空母舰、战列舰、巡洋舰、驱逐舰、护卫舰、潜艇等；勤务舰船又可分成修理舰船、补给舰船、救生舰船等。而在同类舰艇中，根据其排水量、性能和武器装备又可划分为不同的级别，此级别下每艘舰有不同的舰名（号），而以同级舰艇中第一艘服役舰的舰名作为该级舰的级名。如"尼米兹"级航空母舰计划建造10艘，每艘舰有"尼米兹"号、"林肯"号、"里根"号等不同的舰名，而以第一艘舰的舰名"尼米兹"号为级名，均为"尼米兹"级航空母舰。

"弗吉尼亚"级潜艇

　　"弗吉尼亚"级潜艇可能通过使用高精度的"战斧"巡航导弹对陆上目标进行攻击，也可以对陆地、近海或者其他海上部队进行长期的监视，此外，它还可以执行反潜战和反舰战、特种部队输送和支持以及水雷布置和雷区地图绘制。利用其强大的通信能力，该潜艇还可以在航母战斗群的作战行动中，为战斗群和联合特种部队提供综合支持。

潜艇的分类

按动力推进方式，可分为核动力潜艇和常规动力潜艇。核动力潜艇在艇上设有堆舱，舱内有核反应堆、热交换器等，同时还设有主机舱，内有带传动装置的蒸汽轮机等。由原子核裂变产生的热能，经热交换器和蒸汽轮机转换为动能，带动螺旋桨推动潜艇航行。常规动力潜艇一般采用柴油机、电动机推进。在水下潜航时用蓄电池和电动机推进，在水面或通气管状态航行时，用柴油机推进，同时带动发电机给蓄电池充电。

按任务和武器装备情况，可分为弹道导弹核潜艇、攻击型核潜艇和常规潜艇。弹道导弹核潜艇是以远程弹道导弹为主要攻击武器，并配有鱼雷等自卫武器的一种战略潜艇，主要装备国是美、俄、英、法。攻击型核潜艇是以鱼雷、导弹为主要攻击武器的潜艇，它包括装巡航导弹、各种飞航导弹的核潜艇。其主要任务是实施战役战术攻击和作战。常规潜艇和攻击型核潜艇作战任务等基本相同，主要区别有两点：一是动力不同，二是以执行战术任务为主。此外，还有雷达哨潜艇、布雷潜艇、侦察潜艇、运输潜艇等辅助潜艇。

美国肯塔基号核潜艇

各国核潜艇的外形都差不多，上图所示是美国的核潜艇。所有的现代潜艇中都没有浪费的空间，洗衣房、浴室、卧室、厨房、食堂和各种操作舱都在里面。

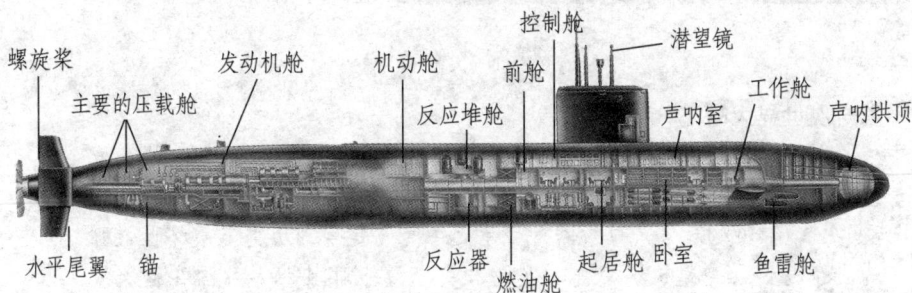

螺旋桨　主要的压载舱　发动机舱　机动舱　前舱　控制舱　潜望镜　工作舱　声呐室　声呐拱顶　反应堆舱　水平尾翼　锚　反应器　燃油舱　起居舱　卧室　鱼雷舱

潜艇的主要特点

首先是隐蔽性好，在茫茫大海中，一旦潜入水下航行，雷达和光学仪器等都无法进行探测，仅靠水声和一些非声探测设备很难发现潜艇的行踪；其次是续航力大，一般大型常规潜艇，水面状态续航力可达2～3万海里，水下中速航行时可达8-40节（1节=1.852公里/小时），通气管状态可达

德尔塔级弹道导弹核潜艇

1.2～1.5万海里。核潜艇基本全部在水下航行，续航力均在10万海里以上。核潜艇一次装满油、水、食品等补给品之后，一次可在水下连续航行60～90昼夜；第三是突击威力大，装备弹道导弹、巡航导弹、反潜导弹、防空导弹和鱼、水雷武器之后，潜艇能在海洋上攻击世界上任何一块陆地，能对舰艇、飞机和潜艇发起攻击，并能进行布雷作业。

"不屈"级导弹核潜艇

是法国建造的战略导弹核潜艇。首艇于1964年开工建造，1971年服役，1991年退役。该级共建造了6艘，分别为"可畏"号、"霹雳"号、"可怖"号、"无敌"号、"雷鸣"号和"不屈"号。

小博士乐园

第一次世界大战

第一次世界大战（1914年8月至1918年11月），简称一战。发生在波斯尼亚的萨拉热窝事件引发了这场世界性的大灾难，当时共有30多个国家的15亿人口被卷入战争之中。它是欧洲历史上破坏性最强的战争之一，沙皇、德意志、奥匈和奥斯曼土耳其四大帝国在这次战争中覆灭了，但世界上第一个社会主义国家苏联却在战争中得以崛起。

弹道导弹潜艇

弹道导弹潜艇是以洲际弹道导弹为主要武器的潜艇，又称为战略潜艇或战略导弹潜艇。弹道导弹潜艇除苏联第一代潜艇外，其余均为核动力推进。目前，世界上共有150余艘弹道导弹潜艇，前苏联最多，其次是美、英、法三国。

俄罗斯"台风"级弹道导弹核潜艇

弹道导弹潜艇排水量一般为6000 ~ 30000吨，载弹量为16 ~ 24枚，射程达8000 ~ 11000千米，水下续航力无限。弹道导弹潜艇归海军建制和指挥，但战略性设防、部署和导弹发射的批准权限在国家最高指挥当局。弹道导弹潜艇与陆基洲际弹道导弹和战略轰炸机一起构成国家三位一体的战略核力量。因此，平时主要游弋于水下，对敌实施战略核威慑；战时，作为主力的核反击力量，负责摧毁敌岸基战略目标，政治经济高度集中的大中城市，主要交通枢纽和通信设施，大型军事基地和港口等重要目标。

攻击型潜艇

攻击型潜艇是以鱼雷、反潜导弹和反舰导弹为主要攻击武器的潜艇。按动力形式可分为常规动力攻击型潜艇和核动力攻击型潜艇两类；按装载武器类型可分为鱼雷攻击潜艇、飞航导弹潜艇、巡航导弹潜艇等。攻击型潜艇的主要任务是：搜索和攻击敌潜艇，攻击敌航母战斗群和水面舰船编队，为弹道导弹潜艇和航母战斗群扫清航道和执行护航任务，以及实施战略、战役侦察，破坏敌海上交通线等。攻击型潜艇中作战效能最高的是核

法国"凯旋"级弹道导弹核潜艇

首艇于1994年建造，其水上排水量12640吨，水下排水量14120吨，水上航速19节，水下航速25节，下潜深度300米，核反应堆一次装料可使用25年，艇上武器装备包括16枚M4弹道导弹、可发射反舰导弹和鱼雷的4具533毫米鱼雷发射管等。

动力攻击型潜艇，它主要分布在美、俄、英、法等国;常规潜艇数量较多，主要分布于俄、英、法及广大第三世界国家。

美国"洛杉矶"级攻击型核潜艇

该级艇是美国21世纪前的主战潜艇，共建有62多艘。其水上排水量6082吨，水下排水量6927吨，艇长110.3米，艇宽10.1米，水下航速32节以上。编制133人。其武器装备系统先进完善。"战斧"式巡航导弹发射系统由12个装在艇首耐压壳体外的弹舱组成，反舰武器系统由艇首4座可发射导弹和鱼雷的533毫米发射装置组成。共携载26枚用于发射装置使用的导弹和鱼雷。

"鲨鱼"级(Akula)核动力攻击潜艇

"阿库拉"级（简称AK级）攻击型核潜艇，也被称为"鲨鱼"级，同样属于第四代攻击型核潜艇。首艇1985年底服役，但不幸的是在1989年的一次事故中沉没。共建造了15艘。

"阿库拉"级属于多用途核动力攻击型潜艇，除可执行反潜、反舰、侦察、护航等多种任务外，还可与水面舰艇协同作战。该级艇体宽大，呈水滴形，与此相比，修长的指挥

台围壳特别引人注目，围壳的前缘和艇前壳体上布置了一些重要的水环境传感器。

与俄罗斯前几级核潜艇相比，"阿库拉"级降低了噪声的传播标准，为此采用了艇外壳覆盖消声瓦等大量降噪措施，据称其安静性可与美国"洛杉矶"改进型相媲美。除隐蔽性好外，该级艇的武器火力也十分强大。

特拉法尔加级攻击型核潜艇

特拉法尔加级是英国第三代攻击核潜艇，也是目前英国皇家海军攻击核潜艇的主力。首艇"特拉法尔加"号于1979年4月开工，1983年5

月服役，到 1991 年共建造了 7 艘，所有艇均配属在德文港基地的第二潜艇中队。

特拉发尔加级是英国海军在快速级基础上改进发展的新型攻击型核潜艇，主要改进是进一步减小水中噪音，艇体表面铺设了消声瓦。该级艇采用 1 座 PWR1 反应堆。除首制艇外，该艇首次在核潜艇上采用了喷水推进系统。此外该艇还采取一系列降噪措施，使之成为"标准"的安静型潜艇。特拉法尔加级的主要任务是反潜。

美国"海狼"级潜艇

"海狼"是美国在冷战尚未结束之时开始研制的一级多用途攻击核潜艇，它的设计初衷是为了在深海大洋中与苏联核潜艇进行全面对抗，全球争霸，因此美国不惜代价，不遗余力，将其打造得具有绝对领先的性能和非同寻常的作战威力，可执行反潜、反舰、对陆、布雷、护航等多种任务，被世人誉为"21 世纪的核潜艇"。然而，"海狼"生不逢时，苏联的崩溃使它失去了角逐对手，高达十几亿美元的惊人"身价"让"黄金之国"也难以承担，于是，在建造了 3 艘"海狼"之后，美国便放弃了建造 30 艘的计划，把兴趣转向了更适合其新战略的"弗吉尼亚"级身上。

美国"海狼"级潜艇

小博士乐园

海湾战争

海湾战争（1991 年 1 月 17 日至 1991 年 2 月 28 日），世界大战之后最大的局部战争。海湾战争是多国部队为恢复科威特领土完整而对伊拉克进行的战争。而战争的意义却远不止伊拉克军队从科威特撤出，它直接影响了世界军事技术和军事思想的发展，著名的"三非"作战理论就因为海湾战争而声名大噪。

🔍 现代常规潜艇

潜艇是一种潜于水下进行活动并执行作战任务的战斗舰艇。常规潜艇是指在水面或通气管状态航行时采用柴油机推进，在水下航行时则以蓄电池和电动机推进的一种舰艇。常规潜艇的主要任务是攻击敌水面舰艇，特别是大中型水面舰艇；攻击敌潜艇并实施反潜作战；破坏敌海上交通线；实施布雷，进行海上封锁及担负侦察、监视、运输和救援等。目前，世界上有近40个国家拥有常规潜艇，

德国最新212级常规潜艇

现役总数约750艘左右。其中，仅俄国就有150艘。能够自行设计和制造常规潜艇的国家主要是俄罗斯、美国、瑞典、意大利、日本、英国、法国、德国等近10个国家。

瑞典海军哥特兰级常规潜艇

哥特兰级1990年开始设计，首艇于1992年11月20日开工建造。1995年2月2日"哥特兰"号的下水，标志着战后常规动力潜艇技术取得了具有历史意义的突破性进展。它是世界上第一批装备了不依赖空气推进系统AIP的常规潜艇。

🐝 小博士乐园

第二次世界大战

第二次世界大战（1939年9月1日至1945年8月15日），简称二战。一战后，军事实力发展较快的德、意、日三国要求重新划分世界势力范围，相继发动了局部性的侵略战争，最终导致了世界性的大战争。先后有61个国家和地区、超过20亿的人口被卷入战争，9000多万人在战争中丧生。中国的抗日战争就是这次世界大战的一部分。正是由于这次大战的惨烈，为了维护世界和平，以中英美苏法为首的同盟国在1945年10月24日发起成立了联合国。

现代导弹护卫舰

是一种能够在远洋机动作战的中型舰艇，满载排水量一般为 2000～4000 吨，个别已达 4900 吨，航速 30～35 节，续航力 4000～7500 海里。主要武器是导弹、鱼雷、火炮等，一般均可携 1～2 架反潜直升机。根据武器配备情况及所执行任务的不同，护卫舰可分为多种类型，如防空型、反潜型、反舰型等。目前世界上最大的护卫舰是英国的 22 型 "大刀" 级护卫舰的第 3 批舰，达 4900 吨，比一般驱逐舰还要大。"大刀" 级装有 8 枚 "鱼叉" 反舰导弹、1 座 115 毫米主炮、4 座 30 毫米防空炮和 1 套 "守门员" 近防武器系统。此外，还装有 2 座六联装 "海狼" 舰空导弹发射装置、2 座三联装反潜鱼雷发射管和 2 架 "海王" 反潜直升机。

"公爵" 级护卫舰 "威斯敏斯特" 号

美国 "奥利弗-佩里" 级导弹护卫舰

"佩里" 级护卫舰是美国海军通用型导弹护卫舰，具有多种战术用途。其主要使命是为两栖特混舰队、海上补给编队和军事运输提供反潜、对空对海防御。首舰 "佩里" 号于 1975 年 6 月由巴斯钢铁公司开工建造，1977 年 12 月服役。舰长 135.6 米，宽 13.7 米，吃水 4.5 米，满载排水量 3640 吨。动力装置为 2 台 LM-2500 燃汽轮机，功率 30600 千瓦，最大航速 35 节。舰员 206 人（军官 13 人）。该舰武器配置较齐全，作战能力较强，防空武器系统先进，有较强防空能力。装有先进的 "MK-13" 型标准区域防空导弹系统，配有弹库；装有先进 "密集阵" 近程武器系统、76 毫米口径舰炮和 "MK-36" 无源干扰装置。反潜、反舰能力也较强。装备有 2 架 "SH-2F" 反潜直升机、设有 2 座三联装 "MK-32" 反潜鱼雷发射管、设有鱼雷诱饵系统和拖曳线列阵声纳；配

有"鱼叉"反舰导弹，并与"标准"导弹合用一个发射装置，减少了专门的发射装置，可携带较多的导弹。该级舰现役 51 艘，是美海军数量最多的现代化护卫舰。

德国海军新型F219"萨克森"号导弹护卫舰

德国的 LCF 舰称作 F124 型护卫舰，首舰命名为"萨克森"号，F124 型舰也就称作"萨克森"级护卫舰。这级舰共造 4 艘，另 3 艘分别被命名为"汉堡"号、"黑森"号和"图林根"号。"萨克森"是德国海军最大的水面舰艇，是体现海上作战新理

德国海军新型F219"萨克森"号导弹护卫舰

念的最新型防空护卫舰。由于充分采用先进的计算机控制技术，因而它被人称作数字化战舰。"萨克森"号，舰号 F219，2002 年 10 月下水试航。舰长 143 米，舰宽 17.4 米；吃水 4.4 米；满载排水量 5690 吨；编制舰员 225 名 (军官 39 名)。

"维斯比"护卫舰

"维斯比"护卫舰是世界上第一个按照全隐形规范由碳纤维制造的战舰，这使其极难被敌方侦测到，即使是使用最新、最尖端的雷达和红外监视装备也不例外，加之其所具有的多用途能力以及先进的隐身技术，"维斯比"护卫舰不愧是真正的未来战舰。

"维斯比"级导弹快艇兼具反舰、反潜和水雷作战能力，火力强大。艇上的 57 毫米 MK3 单管炮是"博福斯" 57 毫米 MK2 的改进型。使用时，炮管可伸出；收藏时，炮身呈俯角状。炮塔的前部锐角保证了炮身的收容空间。专为该炮研制的炮弹是很独特的，称为 3P 弹 (预制

小博士乐园

狼行拂晓——偷袭珍珠港

偷袭珍珠港是指由日本政府策划的一起偷袭美国军事基地的事件。

1941年12月7日清晨，日本海军的航空母舰舰载飞机和微型潜艇突然袭击美国海军太平洋舰队在夏威夷基地珍珠港以及美国陆军和海军在欧胡岛上的飞机场。在这次事件中，美国珍珠港内12艘战列舰和其它舰船被击沉或损坏，188架飞机被完全摧毁，155架飞机被损坏，数千名官兵伤亡。这次事件是日本对美国的一次沉重打击，这次袭击最终将美国卷入第二次世界大战之中，它是继19世纪中墨西哥战争后第一次另一个国家对美国领土的攻击。

破片弹、可编程、近炸引信），这是一种能够预先输入目标到达时间并在最佳地点爆炸的炮弹，齐射时能错开爆炸时间。由于数据的输入可在瞬间进行，因而能够在反应的时间交战。炮弹射速为220发/分。配备RBS-15MK2反舰导弹，这是射程80千米的RBS-14MK1导弹的改进型。在57毫米炮前面甲板下，还以埋入的方式安装有127毫米反潜迫击炮。

鱼雷发射管为有线制导方式的400毫米和533毫米反潜鱼雷发射管，还准备装备反水雷战的一次性遥控艇和可变深度的声呐。

德国海军123型"勃兰登堡"级护卫舰

德国海军123型"勃兰登堡"级护卫舰1989年6月开始进入现役，以取代"汉堡"级护卫舰。"勃兰登堡"级护卫舰主要致力于反潜作战，同时可受命承担防空、舰船集团战术指挥和水面作战等多种任务。

"勃兰登堡"级舰长138.9米，满载排水量为4700吨。该舰使用汽油发动机速度可达29节/小时，若航行速度保持在18节/小时，其续航范围可以达到4000海里。舰载成员118人，其中舰载直升机人员19名。

"勃兰登堡"级（123型）护卫舰采用以美制UYK43/44计算机为核心的SATIR战斗系统，装

德国"勃兰登堡"级护卫舰

备有两座 MM38 飞鱼舰对舰导弹发射器，配备的法制飞鱼导弹采用惯性和主动雷达寻的制导，射程 42 千米；还装备有洛克希德公司 MK41 垂直发射系统，配备有 16 枚 NATO 中距"海雀"舰空导弹，该导弹采用半自动雷达寻的制导能力，射程达 14.5 千米；此外，还装备有 21 具"拉姆"近程舰空导弹，采用红外制导，射程为 9.5 千米。

"勃兰登堡"级护卫舰配备 76mm/62Mk-75 主炮，射击速度每分钟 85 发，覆盖 16 千米内目标以及 12 千米内高空来袭武器。此外还装备有两具 Rheinmetall 机炮，该火力系统将被替换为 MLG27 轻型舰炮系统，可以使用新型穿甲弹药。舰载雷达采用泰利斯公司 SMART3D 雷达，配备有两组 GE2500 燃气涡轮动力系统和两组 MTUZOV956 TB92 巡航用柴油发动机组。

巡洋舰

巡洋舰是一种用于远洋作战的大型水面舰艇，其主要特点是航速高、武器装备火力强和兼有多种作战能力。巡洋舰的主要作战用途是在航空母舰编队中担负防空、反潜和攻击敌水面舰艇的任务；以导弹巡洋舰为核心，导弹驱逐舰和护卫舰作为护卫

俄罗斯"光荣"级"瓦良格"号新型导弹巡洋舰

兵力组成编队，在重要海区和航道执行警戒巡逻和作战任务；为己方突击

小博士乐园

鹰击长空——不列颠之战

不列颠之战（1940 年 8 月 13 日至 1941 年 5 月 10 日），世界上最大规模的一次空战，它是英国和德国之间空军的较量。德国在这次战斗中共出动了 2500 余架飞机（其中包括 1285 架轰炸机），企图一举击败英国空军，并完成其从海上入侵英国的计划。但英国在战役中进行了顽强的抵抗，法西斯德国的入侵以失败而告终。

兵力、运输船队或登陆部队护航；掩护部队登陆，攻击敌沿岸海军基地、港口和其他军事目标或与陆地部队配合对己方沿海部队实施火力支援。

巡洋舰按其排水量大小和武器装备配备的强弱可分为重巡洋舰和轻巡洋舰；如按武器装备，可分为火炮巡洋舰和导弹巡洋舰；按动力区分，可分为常规动力导弹巡洋舰和核动力导弹巡洋舰。重巡洋舰的排水量一般大于1万吨，舰炮口径在155～203毫米之间，轻巡洋舰排水量小于1万吨，舰炮口径小于155毫米。

"阿利·伯克"级"宙斯盾"导弹驱逐舰

"阿利·伯克"级是美国海军现役和正在建造中的最新一级"宙斯盾"导弹驱逐舰。该级舰共计划建造57艘。主承包商为巴斯钢铁公司和利顿公司英格尔斯造船厂。"阿利·伯克"级分成几批建造，DDG-51I批首舰"阿利·伯克"号于1988年12月开工建造，1991年7月4日建成服役，共建造21艘。

"伯克"级是美国继"提康德罗加"级巡洋舰之后第二种装备"宙斯盾"系统的水面战舰。该系统可连续有效地同时搜索、识别和跟踪数百个400千米以外的目标，并能迅速地将目标战术态势显示在屏幕上。该系统还能将全部数据传递到编队中的其他舰上。

"阿利·伯克"级"希金斯"号驱逐舰

该舰1993年订购，由巴斯钢铁集团建造，1996年11月14日开工，1997年10月4日下水，1999年4月24日服役，装备在美国海军，母港在圣迭戈。

2000年10月12日，美国海军"阿利·伯克"级驱逐舰"科尔"号停泊在也门亚丁港外。中午，一艘从港外驶来的橡皮艇高速冲向"科尔"号的侧舷，只听一声巨响，这艘美国最先进的、排水量近万吨的战舰被炸开了一个20多平方米破损口，30多名水兵伤亡。这艘号称具有世界最高作战效能的战舰没有在战场上"折腰"，却让恐怖分子的"暗箭"穿了个大洞。

✎ "地平线"级驱逐舰

"地平线"级驱逐舰由法国和意大利共同研制。2005年3月10日，法国首艘"地平线"级驱逐舰"福尔宾"（Forbin）号在法国舰艇建造局的洛里昂船厂下水。"福尔宾"号（舷号D620）驱逐舰于2002年4月开工建造，2006年底服役。2号舰"舍瓦利亚·保罗"号2008年交付法国海军。意大利的2艘同级舰也均已在泛安科纳船厂开工建造，第一艘已于2007年服役。

"地平线"级驱逐舰

"地平线"级驱逐舰是由法、意两国共同研制开发，其通用程度超过了90％，不过在部分武器系统上，法国版与意大利版的"地平线"各有不同。

舰上采用的海军战术情报处理系统、近程防御系统等是法国自主研制的，同时也代表着武器装备发展的先进水平。"地平线"级驱逐舰充分体现了法国海军的"一舰多用，平战结合"的思想。"地平线"级新型战舰集多种功能于一身，除为航母提供有效的防空火力支援外，还具有较强的反潜、反舰及对岸作战能力。

该级舰拥有2座三联装鱼雷发射装置，配备新式MU-90型324毫米轻型鱼雷。航速50节，攻击深度超过900米，有效射程约11千米。

为了防御鱼雷攻击，该级驱逐舰配备了SLAT鱼雷对抗系统，可以通过发射噪声诱饵等方式干扰来袭的鱼雷。这种新一代诱饵系统，可保障水面舰艇防御反舰导弹和鱼雷的攻击。该系统的每个发射器装有4个发射模块，每个发射

小档+乐园

潜艇时代——大西洋海战

大西洋海战（1939年10月17日至1945年5月8日），德国潜艇和英美海空军队的较量。是人类战争史上时间最长、最复杂的持久性海战。U型潜艇在这次战役中扮演了重要的角色，它击沉了英国的"皇家橡树"号战列舰，这让丘吉尔都感到恐慌。而潜艇探索器的发明则打破了U型潜艇的风光，并最终促使大西洋海战以德国失败而告终。

器可配置 12 枚红外、雷达或声诱饵弹。这种发射器与可选定最适合的诱饵方式的计算机相连。新一代诱饵系统也计划集成到"戴高乐"号航母、"卡萨尔"号和"让·巴尔"号驱逐舰的对抗系统中。

"地平线"级驱逐舰装备有法国自行研发的 SENIT-8 型号战术数据处理系统，该系统可以同时接收、追踪 2000 个由舰上雷达或从 11 号数据链、16 号数据链等传来的目标信息。（数据链主要用于海上战斗区内各分队之间的综合通迅，导航，敌我识别，是 21 世纪西方主要海军国家的通用数据链）

斯普鲁恩斯级驱逐舰

斯普鲁恩斯级驱逐舰是美国海军于 20 世纪 70 年代开始建造的以反潜为主的多用途驱逐舰。首舰于 1972 年 11 月开工建造，1975 年 9 月建成服役。该级共建成 31 艘。

武器系统包括 2 座 127 毫米炮；2 座"密集阵"近程防御武器系统；1 座八联装"海麻雀"舰空导弹发射架；2 座四联装"捕鲸叉"舰舰导弹发射架；1 座 61 发射单元的 MK41 垂直发射系统，可发射"战斧"巡航导弹、"标准Ⅱ"舰空导弹、"阿斯洛克"反潜导弹；2 座三联装 MK32 鱼雷发射管；1 架 SH-60B 直升机。

电子系统包括 1 部 SPS40 对空警戒雷达；1 部 SPS55 对海警戒雷达；1 部 SPG60 火炮控制雷达（对空）；1 部 SPQ9A 火炮控制雷达；1 部 SWG-3 "战斧"导弹武器控制系统；1 部 SWG-1A "捕鲸叉"导弹火控系统；1 部 MK95 导弹火控雷达；1 部 SS53 系列球首声呐；1 部 SQR19 拖曳阵声呐；1 部综合反潜作战系统；1 部 LN66 或 SPS53 导航雷达；1 部 URN25 战术导航雷达；1 部 UHF 卫星通信系统；1 部 NTDS 战术数据系统。目前已经全部退役。

英国45型勇敢级防空驱逐舰

45 型防空驱逐舰是世界上最先进的舰艇之一，它将成为 21 世纪前

半期英国海军主要防空力量。皇家海军在1991年参与的法国、意大利未来护卫舰"地平线"(CNGF)"计划失败后，英国决定自行发展新一代驱逐舰，用以替换在马岛战争中证明设计失败的42型驱逐舰。首艘45型驱逐舰"勇敢"号2003年开工，并且在2006年2月1日下水，预计2009年正式服役。2007年1月，45型勇敢级的第2艘"不屈"号驱逐舰下水，2010年服役。该级舰艇计划建造6～8艘。满载排水量7350吨，舰长152.4米，采用综合电力推进（2台燃气轮机、2台柴油机、2台电动机），速度29节。主要武器装备为1座"紫菀"-30/15防空导弹垂直发射装置，2套20毫米近防武器系统。

韩国"独岛号"两栖攻击舰

"独岛舰"是一艘海上机动部队或登陆机动部队的旗舰，用于指挥和控制舰对舰、舰对空、反潜战等海上作战，并可为登陆作战运送兵力和武器装备，同时还适用于海上救援、国际维和活动。韩国海军认为，"独岛舰"的服役，使海军具备了远海综合作战能力。"独岛舰"与2007年5月份下水的第一艘宙斯盾级驱逐舰——"世宗大王舰"一起成为韩国海军的主要战斗力。

"独岛舰"标准排水量13000吨，满载排水量19000吨，长199米、宽31米、最大时速达到23节（时速43千米），可搭载300多名舰组人员，配备了近程防御武器系统(CIWS)和防御舰对舰导弹的射程为12千米左右的导弹(RAM)。

可搭载兵器：10多架UH-60、

UH–1、CH–47等多型直升机，6辆坦克、7辆登陆突击装甲车、10辆卡车、3门野战炮、2艘高速气垫登陆艇，可运载兵力700人。

美国"圣安东尼奥"级两栖船坞运输舰

"圣安东尼奥"级两栖船坞运输舰由于采用大量先进的智能化装备，可遂行以网络为中心的联合作战，因此也被称为美国海军"信息化第一舰"。

"圣安东尼奥"号具有多重远征作战功能，可以投送和回收两艘气垫登陆艇，搭载一批旋转翼战机，并可搭载和投送14辆海军陆战队远征战斗车辆。它被称为"灵巧舰"，大量采用了计算机技术和信息技术。先进的集成舰桥系统、无线电舰内通信、机舱控制系统以及燃料控制系统和损管系统，大大提高了它的自动化程度，减少了工作量。

"圣安东尼奥"号单舰成本超过18亿美元。隐形性能优良也是"圣安东尼奥"号的一个特点。总体隐形性能与美军的隐形"伯克"级"宙斯盾"驱逐舰几乎不相上下。

研制"圣安东尼奥"级两栖船坞登陆舰是美海军战略思想新调整的产物。美国海军计划建造9艘"圣安东尼奥"级两栖船坞登陆舰，并在2005～2008年间部署完毕，以其替换现役的27艘两栖舰艇。美海军将把9艘"圣安东尼奥"级舰与5艘"塔拉瓦"级、7艘"黄蜂"级两栖攻击舰，8艘"惠德贝岛"级船坞登陆舰一起组成多个两栖戒备大队，构成美国海军未来远征打击战斗群战力投送的主要基础，编成美国海军"前沿部署"战略中极为关键的"海上移动基地"，以满足美国在新世纪的两栖作战需要。

美国HSV高速运输舰

2004年3月，一年一度的韩美联合军演中，美军的高速支援舰在短短1个多小时内把几百名美军士兵和其装备的"斯特赖克"装甲车从位于日本冲绳的军事基地运到了韩国海岸，完成这一火速支援任务的是美军的高速支援舰——"合资企业"号，由于部署在美军驻日海军基地供美第三海军陆战队使用，该舰有了个贴切的绰号——"西太平洋快车"。

2001~2002年，美陆军先后向因凯特公司租赁了2艘高速双体船——HSV-X1"合资企业"号和TSV-1X"先锋"号。因凯特公司多年来一直致力于高速双体船的开发，占世界高速船近40%和市场份额，具有十分成熟的技术。

🔍 "基洛"级攻击型潜艇

俄罗斯"基洛"级潜艇于20世纪80年代初进入前苏联海军服役。该艇由前苏联圣彼德堡的红宝石中央设计局设计。该艇经过多次改进后才形成了现在的两种主要生产型号，即877EKM型和最新的636型。目前，俄罗斯正在开发该级的后继型号——"阿穆尔"，这种新型潜艇将装备由红宝石设计局设计的一套无空气的推进动力系统（AIP），AIP系统也可安装在其他型号的潜艇上。该级潜艇最初是在科索莫尔斯克船坞中制造，目前则在圣彼德堡的海军部船坞中制造。迄今为止，俄罗斯已经出口了多艘636型潜艇，主要出口到东亚和南亚国家。

"基洛"级潜艇由6个水密舱组成，各舱之间由横向舱壁阻断。艇壳为双层压力艇壳。这种设计使该艇拥有较好的反向浮力，从而使该艇艇壳被击穿，并有两个相邻压载舱进水后也具有较好的生存能力。"基洛"级的前部水翼位于舰桥前部艇身两侧。636型是877EKM型"基洛"级的发展型，艇壳有所加长。与877EKM相比，636艇的柴油发电机动力装置功率有所增大，但主桨叶转速则有所降低，从而大幅度降低了636型的水下声学信号特征。该艇的最大潜深为300米。水面航速为11节，水下航速为20节。

当"基洛"级以 7 节的水面速度航行时航程为 7500 海里，若以 3 节水下
航速行进时航程为 400 海里。

鱼雷艇

鱼雷艇，以鱼雷为主要武器的小型高速水面战斗舰艇，主要以编队
对敌大、中型水面舰船实施鱼雷攻击。艇型有水翼艇、滑行艇和半滑行艇。

满载排水量最大为 250 吨，航速
50 节左右，装备鱼雷发射管 2 ~ 6
座，57 毫米口径以下舰炮 1 ~ 2
座。英国于 1877 年最先建造了
"闪电"号鱼雷艇，随后意大利
等国也建造了鱼雷艇。鱼雷艇曾
在第一、二次世界大战中取得较
大战果，但由于吨位小、抗浪性
差、活动半径小、自卫能力弱，
20 世纪 70 年代后，随着导弹艇的迅速发展，世界上许多国家已不再建造
鱼雷艇。

意大利MS-36鱼雷艇

导弹艇

导弹艇，以舰舰导弹为主要武器的小型高速水面战斗舰艇。主要
对敌大、中型水面舰船实施导弹攻击，也可用于巡逻、警戒和反潜。小、
中型导弹艇满载排水量 300 吨以下，大型导弹艇满载排水量 500 吨，
航速 40 节左右，水翼导弹艇航速 50 节左右。导弹艇装备有舰舰导弹
2 ~ 8 枚，单管或双管 20 ~ 76 毫
米舰炮 1 ~ 2 门，有的还装备
有鱼雷、水雷、深水炸弹或
舰空导弹。艇上有搜索探测、
武器控制、通讯导航、电子
战和以电子计算机为中心的
作战指挥等系统。导弹艇吨
位小、航速高、机动灵活、攻
击威力大，但适航性较差、续航
力小、自卫能力较弱。导弹快艇是

002级隐身导弹艇

在导弹武器出现之后才诞生的新型战斗舰艇。20 世纪 50 年代末，苏联将鱼雷艇改制成"蚊子"级导弹艇，装备"冥河"舰舰导弹，艇长 25.5 米，满载排水量 75 吨，航速 38 节。这是世界上首次出现的导弹艇。1967 年 10 月 21 日，埃及用"蚊子"级导弹艇击沉了以色列"埃拉特"号驱逐舰，首创小艇击沉大舰的战例。此后，导弹艇受到许多国家海军的重视，并纷纷研制和建造。目前，有 50 多个国家共拥有十多种艇型，共有各型导弹艇约 1000 艘。

导弹快艇

导弹快艇是目前世界上服役数量最多、分布最广的一类军用快艇。尽管其诞生至今也不过 30 多年的历史，但发展速度却是以往任何舰艇所无法相比的。国外典型的导弹快舰有美国飞马座级导弹水翼艇；俄罗斯蚊子级、黄蜂级、纳奴契卡级导弹快艇以及毒蜘蛛级大型导弹快艇；法国女勇士级导弹快艇；德国 143 级导弹艇；意大利鹞（yào）鹰级导弹水翼艇、塞蒂亚级导弹快艇；以色列萨尔级导弹快艇；瑞典哥德堡级导弹快艇等。

瑞典哥德堡级导弹快艇

护卫艇

又称"炮艇"，以小口径舰炮为主要武器的小型水面战斗舰艇。用于在近岸海区执行护航、巡逻等任务，满载排水量数10吨至500吨，航速20～45节，水翼护卫艇可达70节，装备76毫米口径以下舰炮数门和深水炸弹等武器，第一次世界

海鸥导弹级护卫艇

大战后，炮艇逐渐发展成为猎潜艇型的反潜护卫艇。其战斗使命是在近海搜索、监视和攻击敌方潜艇。装备导弹武器的护卫艇，称导弹护卫艇。

猎潜艇

猎潜艇，是以反潜武器为主要装备的小型水面战斗舰艇，主要用于在近海和海军基地附近进行反潜警戒，搜索和攻击潜艇。猎潜艇于第一次世界大战中最先出现于英国。初期的猎潜艇由小艇改装而成，满载排水量一般不超过100吨，最大航速10节左右，没有声呐，只能用深水炸弹和舰炮攻击下潜不深或浮出水面的潜艇。第二次世界大战期间，潜艇的战斗能力有了很大提高，为了对付潜艇的威胁，各国专门设计制造猎潜艇，使之成为一种新型舰艇，满载排水量达300吨左右，最大航速约20节，装有火箭式深水炸弹发射装置，大型深水炸弹发射炮或投放器，声呐和指挥仪。

中国猎潜艇

猎潜艇排水量通常在500吨以下，小的只有几十吨。航速通常30节以上，最大可达38节，水翼猎潜艇可达50节以上，在3～5级海况下能有效地使用武器，5～7级海况下能安全航行。现代猎潜艇装备有声呐、雷达探测设备、反潜鱼雷发射管、多管火箭式深水炸弹发射装置、20～76毫米舰炮及作战指挥自动化系统等，有的还装备舰空导弹。猎潜艇适于在近海以编队形式与潜艇作战。

扫雷舰艇

反水雷舰艇是随着水雷武器的发展而发展的。第一次世界大战中，各交战国共布设水雷31万枚，炸毁200多艘舰艇和100多艘商船；第二次世界大战中，各交战国共布设水雷80万枚，炸毁3000多艘舰船。水雷的巨大威胁，使扫雷舰艇在第一、第二次世界大战中得到迅速发展。第二次世界大战后，相继出现了遥控扫雷艇、气垫扫雷艇和猎雷舰、破雷舰等新型反水雷舰艇。

扫雷舰艇是根据模拟舰艇磁场、声场等物理场的原理来引爆水雷的。遥控扫雷艇的排水量只有几吨到十几吨，能产生强大的磁场和声场，在母舰遥控下扫除浅水区的高灵敏度水雷。气垫扫雷艇航速高，具有独特的防雷能力。

俄罗斯"娜佳"级远洋扫雷舰

该级舰是俄罗斯迄今为止大规模部署的最新一级远洋扫雷舰，是俄罗斯海军远洋扫雷舰的主力，适用于扫除磁性水雷、音响水雷、机械水雷等多种水雷。装备有2座双联装30毫米舰炮、2座双联装25毫米舰炮、2座5管反潜火箭发射装置和10枚水雷，有一定的布雷能力。此外，舰尾还装备有2座SA-N-5舰空导弹发射装置，是一级既可扫雷又有一定作战能力多用途扫雷舰。

猎雷舰艇

猎雷舰艇是在水雷引信抗扫性能不断提高的情况下发展起来的新型舰种。满载排水量100～1000吨，船体多为木质或玻璃钢结构，有良好的低磁、低噪声和抗冲击性能。装有高分辨力探雷声呐、磁探仪、水下电视摄像系统、遥控灭雷具等。

法国、比利时、荷兰联合研制的"三伙伴"级猎雷舰

它是全世界最先进的反水雷舰艇，舰身材料是玻璃钢单层结构。首舰于1983年服役，装备有法国制造的遥控潜水式猎雷具及机械扫雷装置。

猎雷时，首先使用探雷声呐发现水雷，然后使用遥控灭雷具将炸药包投放至水雷附近，再由舰上自动控制装置遥控引爆炸药包以摧毁水雷。由于猎雷舰只能逐个搜索和消灭水雷，因此猎雷不能完全代替常规的扫雷方法。

破雷舰

破雷舰又称"雷区突破舰"，靠舰体碰撞或装备的特种设备所产生的强烈磁、声、水压等物理场引爆水雷的反水雷军舰。用于无反水雷舰艇时的开辟通道或检查已清扫过雷区航道。排水量数千至上万吨，船体内分隔成许多水密隔舱，并在空舱内充填漂浮物质，以提高舰艇抗沉能力。第一、第二次世界大战中多用运输船改装而成，目前各国海军已无正式服役的破雷舰。

德国"福兰金萨"级猎雷舰

登陆艇

登陆艇，按排水量分小型、中型和大型。小型登陆艇满载排水量20吨，装载30余名登陆兵或3吨左右物资。中型登陆艇满载排水量50～100吨，装载坦克1辆或登陆兵200名或物资数十吨。大型登陆艇满载排水量200～500吨，装载坦克3～5辆或登陆兵数百名，或物资100～300吨。第二次世界大战前，出现了多种型号登陆艇。大战中，美、英、日等国建造登陆艇约10万艘。20世纪70年代出现的气垫登陆艇，是专门用于抢滩登陆的全垫升气垫艇。气垫登陆艇速度高，可以避开重点设防区域，在舰船不能航行海域突然实施登陆行动；不易触发水雷，能越过一般抗登陆障碍，因此，是一种很有发展的两栖登陆舰艇。

美国海军"惠德贝岛"级船坞登陆舰

气垫船

气垫船是利用船上大功率风机，产生高于大气压的空气压入船底，使之与水面或地面之间产生气垫，使船体全部或大部托出水面并高速航行的船只。气垫船航行速度比一般舰船大数倍，最大可达 100 节。按航行状态，分全垫升气垫船和侧壁式气垫船。

气垫船是英国工程师 C·库克雷尔发明的，1955 年获得气垫船专利权，1959 年 7 月，英国建造的世界上第一艘气垫船顺利通过英吉利海峡。80 年代初，气垫船从研究进入到实用，出现了多种军用和民用气垫船。

气垫船在军事上应用很广泛，多用作登陆艇、扫雷艇、导弹艇、巡逻艇等。

美国LCAC
气垫登陆艇

在民用中有气垫客船、货船、渡船等。苏联曾是拥有气垫船最多的国家，有 1000 多艘气垫运输平台、400 多艘气垫客船和 100 多艘军用气垫登陆艇。

航母是如何编号的

除美国外，世界上其他国家均没有航空母舰的编号分类，只以某级某号形式相区分。美国建有大量的航空母舰，所以有一套完整的编号方法。不过，由于以 ACV、AVG 为代号表示的护航航空母舰、轻型航空母舰已不复存在，目前只有 CV 和 CVN 两种代号。CV 代表常规动力多用途航空母舰，CVN 代表核动力多用途航空母舰。其后的代号是从美国第一艘多用途航空母舰"兰利"号排列下来的，"兰利"号代号为 CV-1，由于 CV 和 CVN 均是多用途航空母舰，所以其序号是相连续下去的，CVN-65 是第 1 艘核动力多用途航母，但在多用途航母序列中，它是第 65 艘下水的多用途航空母舰。

"小鹰"号航母

"小鹰"号航母是美国海军常规动力航空母舰"小鹰"级的首舰，也是世界最大的常规动力航母，编号CV63，于1961年4月29日编入太平洋舰队服役，其母港设在加利福尼亚州的圣迭戈海军基地。"小鹰"号标准排水量为61100吨，满载排水量达到了81123吨，舰长323.6米，舰宽为39.6米，吃水11.4米，最大航速32节，以30节航速巡航时可连续航行4000海里，以20节航速巡航时可连续航行12000海里。该航母装备3座M29八联装"北约海麻雀"舰空导弹发射装置、4座MK15"密集阵"6管20毫米近防炮，配备有各种雷达、雷达预警系统、电子战系统，以及指挥、控制与通信系统。

"小鹰"号上载有第15舰载机联队，装备各型舰载机70架，其中包括F-14D"雄猫"战斗机20架、F/A-18C"大黄蜂"战斗/攻击机36架、EA-6B"徘徊者"电子战机4架、E-2C"鹰眼"预警机4架、SH-60F"海鹰"反潜直升机4架、H-60H"黑鹰"救援直升机2架、S-3B"北欧海盗"反潜机8架、C-2A运输机2架。

小博士乐园

短兵相接——斯大林格勒战役

斯大林格勒战役（1942年7月17日至1943年2月2日），又称斯大林格勒保卫战。在这次战役中，苏德两军为争夺斯大林格勒的每一座建筑物而殊死搏斗，展开了长达两个月的血腥巷战。超过200万人在这次战役中丧生，它是人类战争史上最为惨烈、最为血腥的战争之一。斯大林格勒战役使德军完全丧失了在苏德战场上的战略主动权，成为二战的转折点。为纪念斯大林格勒战役中可歌可泣的英雄事迹，这座城市在1945年被命名为"英雄城"。

"尼米兹"级航母

"尼米兹"航母是目前世界上吨位最大、在役数量最多的一级核动力航母。"尼米兹"号是该级核动力航母中的首艘，编号CVN-68，现隶属于美太平洋舰队。该航空母舰长332.9米，舰宽40.8米，飞行甲板最宽76.8米，吃水为11.3米，最大航速32节，续航力80万～100万

海里，排水量91500吨。主要武器装备包括3座"海麻雀"舰空导弹系统，3座"密集阵"近防系统，3座324毫米3联装鱼雷发射系统。

"尼米兹"号航母编队搭载第11舰载机联队，各型飞机72架，其中包括F/A-18C"大黄蜂"战斗/攻击机48架、EA-6B"徘徊者"电子战机4架、E-2C"鹰眼"预警机4架、SH-60F"海鹰"反潜直升机4架、H-60H"黑鹰"救援直升机2架、S-3B"北欧海盗"反潜机8架、C-2A运输机2架。

"星座"号航空母舰

"星座"号航空母舰由纽约海军船厂建造，CV64"星座"号为小鹰级航母的第2艘，性能与"小鹰"号一样。该舰服役后一直以加利福尼亚州的圣迭戈海军基地为母港。1957年9月14日开工，1960年10月8日下水，1961年10月27日服役。

1964年8月4日美军挑起"北部湾"事件后，"星座"号航母便于次日出动舰载机轰炸北越，是美军发动全面侵越战争后第一艘参战的攻击航母。在

1975年6月30日被改装为多用途航母。在1990年7月到1993年3月3日在费城海军船厂检修。原计划打算1998年取代部署在日本的"独立"号，但发现状态比"小鹰"号差而放弃。计划2003年退役，将被CVN76取代。

该舰目前隶属于太平洋舰队，舰上搭载第2舰载航空联队，装备各型舰载机76架，通常由2艘导弹巡洋

舰、3 艘驱逐舰、1 艘导弹护卫舰。2 艘核潜艇和 1 艘快速战斗补给舰担负护航。"星座"号航空母舰上搭载各型舰载飞机 76 架,其中包括 20 架 F-14 战斗机,28 架 F/A-18 "大黄蜂"战斗 / 攻击机,4 架 EA-6B "徘徊者"电子干扰机,4 架 KA-6D "入侵者"空中加油机,4 架 E-2C "鹰眼"预警机,10 架 S-3A/B 维京式反潜机和 6 架"海鹰"直升机。

俄罗斯"库兹涅佐夫元帅"号航空母舰

它是俄罗斯(前苏联)的第一艘可搭载固定翼飞机(不含垂直短距起降飞机)的航空母舰。该舰曾三易舰名,苏联解体后改为现名,并于1991年正式服役。

该舰的特点是,舰上装有滑橇式飞行甲板,舰上所装备的武器系统齐全,威力强大。满载排水量:67500 吨,舰长 304.5 米,舰宽 37 米,飞行甲板最宽 70 米,吃水 10.5 米,动力装置为常规动力,8 台锅炉,4 台蒸汽轮机,4 轴推进功率 149 兆瓦(20 万马力),航速 30 节,续航力 13500 海里。主要武器装备有 12 单元 SS-N-19 垂直发射反舰导弹系统(备弹 12 枚),4 座 6 单元 SA-N- 9 垂直发射防空导弹系统(备弹 192 枚),6 座"卡斯坦"近战武器系统,6 座 6 管 30 毫米炮,2 座 RBU12000 型 10 管反潜火箭发射系统。可搭载固定翼飞机 24 架,直升机 17 架。舰员 1700 人。

俄罗斯"库兹涅佐夫元帅"航母

"艾森豪威尔"号航空母舰

"艾森豪威尔"号航空母舰是美国尼米兹级核动力航空母舰里的二号舰。舰名承袭自带领美国走过第二次世界大战的美国第 34 届总统德怀特·艾森豪威尔,因此也与艾森豪威尔总统一样,拥有同一个小名"艾克"。

　　"艾森豪威尔"号航空母舰是美国设计制造的一艘目前世界上最大，最先进的航空母舰。1970年开工建造，1975年下水，1977年开始服役美国海军，整个军舰造价为20亿美金。满载时的排水量91500吨，舰长332.9米，舰宽40.8米，带斜坡的飞机甲板长332.9米，宽76.8米。宽敞的飞机库长208米，宽33米，高8米，可搭载一个航载机航空联队，包括各种飞机近百架，其中主要有攻击能力很强的F-14雄猫战斗机20架，F/A-18大黄蜂战斗轰炸机20架，A-6入侵者攻击机20架，EA-6B徘徊者电子飞机6架，E-2C"鹰眼"预警机5架，S-3A北欧海盗反潜巡逻机10架，SH-3G/H海王直升机6架等。

　　"艾森豪威尔"号航空母舰的飞机起飞速率很高，飞行甲板上装有4座供飞机起飞用的蒸汽弹射器，弹射率为每20秒钟一架，7～8分钟即可起飞一个飞行中队。每天能出动200多架次飞机，执行远距离攻击任务。"艾森豪威尔"号采用核动力，因而比其他大型常规动力航空母舰具有更大的战斗效能和威慑力。舰装核燃料可持续使用13年，最大航速33节，持续航行力80-130万海里，不需添加燃料可以30节航速环绕地球航行。舰载飞机燃料10000吨，可以保证舰载机进行16天的飞行行动。舰上还装备航行补给设备，可在20节的航速下接受补给，补给量为每小时200吨。

第七章　空中战鹰

DIQIZHANG KONGZHONG ZHANYING

1903年，莱特兄弟就发明了飞机，不过当时只用它来执行侦察任务。1915年，法国将莫拉纳–索尔尼埃L型飞机，装上一挺机枪和一种叫作偏转片的装置，使它真正具有了空战能力，此时世界上第一架真正意义上的战斗机正式宣告诞生。

1O分钟
了解军用飞机

◤ 战鹰破壳而出

军用飞机是直接参加战斗、保障战斗行动和军事训练的飞机总称，主要包括：轰炸机、武装直升机、侦察机、预警机、军用运输机、空中加油机和教练机等，它们是航空兵的主要技术装备。

莱特兄弟早在1903年就发明了飞机，但很长一段时间都没有被用于具体的军事作战之中，而只是被用来执行一些简单的侦察任务，有时候敌对双方的侦查员还会友好地招手。

后来，有一个侦查员在执行侦查任务的时候向对方的飞机开了一枪。这看似简单的一枪却成了空战的起源，同时也赋予了飞机的战斗性。于是聪明的法国人在莫拉纳－索尔尼埃L型飞机上装上了一挺机枪和一种叫作偏转片的装置。机枪用来进行对敌射击，偏转片则解决了飞机在搭载机枪射击时被螺旋桨干扰的问题，这样飞行员就可以专心地驾驶飞机去攻击对方，也不需要再另外配备机枪手进行射击。发明这种偏转片装置的是法国一名叫作罗兰·加洛斯的飞行员。

从此飞机被正式用于空中战斗，战鹰破壳而出！这一年是1915年。

✎ 战鹰锋芒初露

第一次世界大战中，军用飞机首次出现在战场上，主要负责侦察、运输、校正火炮等一些辅助性的任务，偶尔也会对地面上的目标进行轰炸或者是攻击对方的飞机。这时，双方飞行员相互攻击的武器五花八门，甚至

还包括向对方扔石头。

1915 年 4 月 1 日，法国飞行员罗兰·加洛斯驾驶着装备了"偏转片系统"的莫拉纳 - 索尔尼埃 L 型飞机击落了德国的一架侦察机，取得了飞机空战的第一次胜利。紧接着，德国出现了搭载"机枪同步射击"装置的"福克 E3"式，其飞行性能更加优异，火力也更加的猛烈，这种军用机也成了第一次世界大战之中性能最好、击落飞机数量最多的战斗机，被协约国方称为"福克式"的灾难。

这个阶段的军用飞机，结构多以木材加上布料蒙皮构成，机翼从单翼到三翼都很常见。飞机上所搭载的主要武器则多半是改自陆军使用的轻机枪，用于轰炸地面目标的炸弹也不具有太大的破坏力。

战鹰空前大发展

第一次世界大战之后，虽然各国都在积极裁减军备，但是这一时期民用航空的需求却为军用飞机的发展带来了许多更好的技术和理论。

到了 30 年代中期，各国最先进的战斗机的特点为：单翼，金属流线型外壳，后三点收放式起落架或者是固定式起落架。武器也由步枪口径的轻机枪提升到重机枪或者是口径更大的机炮。

小博士乐园

俄国名将苏沃洛夫

苏沃洛夫（1730～1800），俄国伟大的军事家、军事理论家、军事学术的奠基人之一。这个军队火枪手出身的统帅摒弃了以往的陈旧战术，制定并运用了更为完善的作战样式和方法，提出了著名的纵队战术。他一生中指挥的战斗达 60 多次，屡战屡胜。他作风朴素，像士兵一样生活，是俄国人心中伟大的"士兵元帅"。

很快第二次世界大战爆发，军用飞机在其中扮演起很重要的角色。这时的飞机不再仅仅是作为防卫国土和抵挡敌人轰炸的力量，它还可以去完成对敌空中武力的摧毁任务。

第二次世界大战末期，喷气式发动机和雷达设备的出现又使飞机进入喷气时代，出现了大量的喷气式飞机，并很快在朝鲜战争中投入使用，这一阶段的战斗机飞行速度更快，看得更远，同时也打得更准。另外，电子技术的进步也大大提高了雷达和瞄准系统的作战能力。

到了冷战后期，越南战争使美国人发现了战斗机新的发展方向——机动性，于是后来的军用飞机便不再追求过快的速度，而把机动性作为了它发展的第一要素。

🔍 新时期高技术军用飞机再掀狂澜

新一代军用飞机的发展方向是更高的机动性、更远的射击距离、多目标的攻击能力和隐形的外形设计。许多高新技术的出现使 21 世纪的军用飞机成为了更冷酷的"空中利剑"。

超音速战斗机：由美国北美航空公司于 1949 年研制成功的 F-100 是世界上第一种具有超音速平飞能力的战斗机，最高时速为音速的 1.3 倍。60 年代，美、苏、法等国又研制了最大时速为音速 2 倍以上的战斗机。

隐身战斗机："隐身"战斗机并不是肉眼看不见的飞机，而是在飞机的外形、涂料等方面作了特殊处理，从而使对空警戒的雷达、红外等现代探测装置难以发现。这种战斗机可隐蔽接近敌人，达到出其不意攻击敌机的目的。世界上第一种真正的隐身战斗机是美国研制的 F-117 型战斗机，现在已经被用于装备美国空军。

无人机侦察机：1917 年英国研制成功世界上第一架无人机。在冷战后爆发的几场典型的高技术局部战争中，无人机都发挥了重要作用。未来无人机将向智能化方向发展，被广泛用于目标指示、战场毁伤评估、电子对抗及反雷达等作战任务，逐渐成为未来高技术战场上精确打击作战任务的重要支柱。

世界 战机之最

最早的攻击机

最早的攻击机是由德国容克公司研制的容克 JI 型战斗机，它于 1915 年 12 月 5 日首次试飞。它是一种装有铝合金蒙皮和防护装甲的双翼机，它也是最早用全金属制造的战斗机。飞机上装有机枪，载有少量炸弹，可低空对地面目标进行扫射、轰炸，它们在进行危险的低空近距离作战时，显示了良好的性能和作战效果。

最早的武装直升机

武装直升机是装有武器、为执行作战任务而研制的直升机。在直升机上加装武器开始于 40 年代。1942 年，德国在运输直升机加装了一挺机枪。50 年代，美、苏、法等国都分别在直升机加装武器，开始主要用于自卫，后来也用来执行轰炸、扫射等军事任务。60 年代初，美国决定研制专用武装直升机。第一种专门设计的武装直升机是美国的 AH-IG 飞机，1967 年开始装备部队，并用于越南战场。

最早的轰炸机

在飞机用于军事后不久，人们就开始进行用飞机轰炸地面目标的试验。1913 年 2 月 25 日，俄国人伊格尔·西科尔斯基设计了世界上第

一架专用轰炸机。这架命名为"伊里亚·穆梅茨"的轰炸机装有8挺机枪，机组成员4～8人，可载弹800公斤，机身内有炸弹舱，并首次采用电动投弹器、轰炸瞄准具、驾驶和领航仪表。第一次世界大战爆发时，俄军中共有4架这样的飞机正式投入作战。

最早的火箭动力战斗机

　　二战末期，一种外形奇特、飞行速度极快的战斗机出现在战场上，飞机飞行中尾后拉着一股烟雾，所以绰号"彗星"，这就是 Me-163 战斗机。它是世界上第一种（也是唯一的）可实用的火箭动力飞机、世界上第一种投入作战的无水平尾翼的飞机、在二战中飞行速度和爬升速度均为当时世界第一的军用飞机；它飞行性能优秀、操纵性好。但续航时间只有 8 分钟，只能部署在盟军轰炸机必经之地附近，待轰炸机编队临空时起飞，迅速爬升占位，对轰炸机短促攻击后滑翔落地。

和战机 面对面

F-35战斗机

　　英国BAE系统公司生产F-35的战斗机，是世界最先进战机之一。该战机的机身后部采用钛铝合金材料，采用了当今最为先进的数字式设计制造工艺，原预计于2009年上天。

　　F-35"闪电"II联合打击战斗机堪称世界上最为庞大的防务计划，目前它正处在"系统研发及展示"（SDD）阶段，这一阶段将产出21架测试飞机，其中15架用于飞行测试，6架用来作静力试验，另外还有一架高仿真度全比例模型，将用于测试飞机的雷达反射信号。

　　BAE系统公司还负责F-35关键部件和武器系统的设计，尤其是供油系统、飞行员逃生系统、生命保障系统、预测与状态管理系统和飞行测试系统等。

　　F-35发展的三种型号分别满足英美军队的不同要求，海军舰载型针对美国海军设计，目标是能够在大型航母上弹射起飞和阻拦降落，常规陆地起降型为美国空军设计，短距起飞/垂直降落型为美国海军陆战队和英国制造。

苏联雅克-141自由式战斗机

　　雅克-141是苏联雅克夫列夫飞机设计局设计的世界上第一种超音速垂直/短距起落战斗机。雅克-141本来是苏联用来接替已经在海军航空兵服役了十几年的雅克-36的，它搭载在轻型航母上，主要任务是舰队防空，同时也可以对地面和海上目标实施攻击，进

行近距空中支援。首架原型机于 1989 年 3 月试飞，并于 1991 年在巴黎航展上公布了模型和照片，引起世界瞩目。

F-15"鹰"战斗机

F-15 是美国空军现役的双发动机重型超音速战斗机，主要用于夺取战区制空权，同时兼具对地攻击能力，是美国空军的主力战机。于 1974 年 11 月开始交付部队服役。该机采用切尖三角上单翼，双垂尾正常式布局。F-15 战斗机具有突出的空战格斗能力，飞机的推重比大、翼载小、机动性好等特点，为典型的第三代战斗机，该机装备有良好的机载电子设备，特别适用于近距格斗和超第一流的制空战斗机。视距导弹攻击，是目前世界上除美国外，日本、以色列和沙特阿拉伯等国家也装备了这种飞机。海湾战争期间，有 120 架 F-15 参与作战，承担着空中作战任务，击落了 34 架伊拉克的飞机。

F-16"战隼"战斗机

F-16 是美国空军的一种单发动机轻型多用途战斗机，主要用于空战，也可用于近距空中支援，是美国空军的主力机种。该机于 1978 年开始装备美国空军。F-16 飞机为悬臂式中单翼，进气道位于机身腹部。F-16 采用了边条翼、空战襟翼、翼身融合体、高过载座舱、电传操纵系统等先进技术，再加上性能先进的电子设备和武器，使之具有结构重量轻、外挂量大、机动性好、对空对地作战能力强等特点，是具代表性的第三代战斗机。F-16 飞机的机长为 15.04 米，机高 5.09 米，翼展 10.01 米，机翼面积 27.87 平方米，这种飞机的最大载弹量为 5440 千克，最大载油量为 6230 千克，最大平飞速度为 M2.0(约为 2120 千米/小时)，实用升限 18300 米，作战半径 925～1200 千米，转场航程 3890 千米，起飞滑跑距离 350 米，

着陆滑跑距离 670 米。F-16 的机载武器包括 1 门 20 毫米 6 管航炮，备弹 515 发，机身外有 9 个外挂点，可挂 2～6 枚空对空、空对地导弹或制导炸弹、核弹及各种各样的普通航空炸弹。该机除装备美国外，还出口到一些国家和地区。海湾战争期间，有 150 多架 F-16 参战，主要执行对地攻击任务。

F-22 "猛禽" 战斗机

　　F-22 是美国空军的一种先进战术战斗机，也是 21 世纪初的主力机种。设计中要求飞机具有隐身性能、高机动性和敏捷性、能进行超音速巡航、超视距作战；具有下视（下射）能力、良好的空对空和空对地作战能力，并且具有在作战过程中先敌发现、先敌开火、先敌摧毁的能力。F-22 是一种隐身飞机，它主要采用正常式外倾双垂尾布局，成功地将隐身外形设计技术、低超音速波阻技术、大迎角气动力技术等融合在一起，在隐身性能和机动性能之间取得很好的折中。F-22 的机身结构，大量采用先进的复合材料，使其获得了前所未有的优良性能，成为第四代战斗机的典型代表。

苏-27 战斗机

　　苏-27 是俄罗斯空军的单座双发动机全天候重型战斗机，主要任务是国土防空、护航、海上巡逻等。这种飞机于 1985 年进入部队服役。苏-27 飞机主要是针对美国的 F-16 和 F-15 设计的，具有机动性和敏捷性好、续航时间长等特点，可以进行超视距作战。

翼展：14.7 米　最大载弹量：6000 千克　实用升限：18,300 千米
机长：21.9 米　最大起飞重量：30000 千克　作战半径：1200 千米
主要武器：10 个外挂点，可挂 4 枚 AA-10（或 AA-9）和 4 枚 AA-11（或 AA-8）空空导弹，以及多种对地攻击武器。

苏-35战斗机

苏-35是前苏联在苏-27基础上发展的新型战斗机。1992年9月首次亮相。其最大高空作战距离为300千米，低空为200千米，可同时跟踪15个目标，并攻击其中的6个目标。全机上可加挂14枚导弹。

飞机空重18400千克，最大载弹量8000千克，最大平飞速度M2（约为2124千米/小时），实用升限18000米，最大航程4000千米。

米格-29战斗机

米格-29战斗机是俄罗斯空军装备的一种双发动机、高机动性、超音速战斗机，可执行截击、护航、对地攻击和侦察等多种任务，用于取代前苏军的米格-21、米格-23、苏-15和苏-17等战斗机。该机于1983年正式服役。米格-29飞机是针对美国的F-16和F-18设计的，设计重点是强调飞机的高亚音速机动性、加速性和爬升性能，但不具隐身能力，为典型的第三代战斗机。至1995年4月，该机已生产1200多架，除装备独联体国家外，还出口到印度、伊拉克、伊朗、朝鲜、罗马尼亚等国家。

米格-29飞机的主要机载设备包括脉冲多普勒雷达，红外搜索/跟踪传感器，激光测距仪，惯性导航系统，敌我识别器，全向雷达告警系统，飞行员装备的头盔瞄准具，可执行下视下射任务，还可用于导弹离轴发射等。

飞机的机载武器包括机翼左内侧前缘装1门30毫米航炮，备弹150发。每个机翼下各有3个挂点，可挂6枚红外空空导弹，或两枚中距雷达制导导弹，也可携带其他各种空对地导弹，以及各种炸弹和火箭等。

米格-31"捕狐犬"战斗机

米格-31是俄罗斯空军的一种双座全天候截击战斗机，北约集团给予的绰号是"捕狐犬"。1983年正式服役。米格-31飞机的火控雷达具有下视下射和上视上射能力，攻击火力大大加强，作战半径加大，留空时间增加，增加了外挂点，从而使该机能携带多达8枚空对空导弹，机体结构加强，适应于低空超音速飞行，并具有截击包括巡航导弹在内的多种入侵目标的能力。米格-31飞机的主要机载设备包括装在机头内的脉冲多普勒火控雷达，最大探测距离200千米，具有全方位下视能力，可同时跟踪10个目标，攻击其中4个目标，前机身下部有红外探测器，另外还有雷达告警接收机及主动红外电子对抗设备。

苏-37战斗机

苏-37是俄罗斯苏霍伊设计局研制的多用途全天候超音速战斗机。苏-37获得了前所未有的优异的气动性能，使苏-37在大攻击角度下同样可以具有高机动性，超敏捷性使其可以在任何位置锁定和攻击目标。苏-37飞机可以携带14枚空对空导弹或8000千克的武器，多功能前视雷达可以同时跟踪15个目标，4个广角液晶显示器用于显示战术和飞行导航数据。苏-37目前仍处于改进中，预计最终要到2015～2020年投入使用。

苏-37飞机的机长22.18米，机高6.43米，翼展14.7米，机翼面积62.0平方米。飞机的最大载弹量8000千克，最大平飞速度M2.3（约为2500千米/小时）。实用升限18800米，最小飞行高度30米，最大航程（空中加油1次）6500千米。

苏-47超级"金雕"战斗机

苏-47超级"金雕"战斗机是全世界独一无二的前掠翼战斗机。它可以携带重达10吨的弹药，其中包括核武器。无论是飞行速度、机动性能，还是夜视能力，苏-47超级"金雕"战斗机都大大优于苏式战机其他家族成员。对于超级"金雕"来说，不存在不能飞的天气。俄罗斯的设计者们还希望给它穿上一件新式的隐身衣，这种名为"秃鹳(guàn)"－1N的隐形系统能较好地结合战机空气动力学性能和隐形设计成果，在飞机周围生成等离子云隐形云雾，实质性地提升隐形性能。

苏－47机长22.6米，翼展16.7米，最大速度2200千米/小时，最高升限18000米，航程大约3300千米。

印度LCA战斗机

印度 LCA 战斗机是印度自主研制的轻型战机，号称是世界上最小、重量最轻的多用途战斗机，是印度空军用来代替米格－21的机型，LCA为三角翼，单垂尾，采用铝合金钛合金和碳纤维等复合材料制造。操作上采用了比较先进的电传低空飞行稳定控制系统和先进的温度、多模式雷达、综合电子设备系统。发动机采用的是美国通用公司 GE F404-F2J3 涡轮喷气发动机。

机长：13.20米
机高：4.40米
翼展：8.20米
空重：5.5吨
最大外挂量：>4吨
起飞重量(无外挂)：8.5吨
最大平飞速度(高空)：M1.6
实用升限：15240米

小博士乐园

铁甲搏杀——库尔斯克会战

库尔斯克会战（1943年7月5日至1943年8月27日），世界上最大的坦克战。在这次战役中，苏德双方投入的坦克超过了6000辆，堪称史之最。另外，双方参战的飞机也都超过了2000架。会战让德国损失了约250辆坦克和200架飞机，疯狂的德国也从此在欧洲战场上走向了失败，而苏军则从此获得了战场的主动权。

▷ 法兰西雄鹰——幻影-2000战斗机

幻影-2000是法国空军装备的轻型超音速战斗机,主要任务是截击和制空,亦可执行对地攻击任务。1983年开始交付部队使用。幻影-2000采用无尾三角翼气动布局,但应用了电传操纵,复合材料等先进技术,以及大推力的喷气式发动机和更先进的电子设备,所以作战能力大幅度提高,属第三代超音速战斗机。这种飞机装有地形跟踪和专用电子对抗设备,能以1110千米/小时的高速度在60米高度进行超低空飞行。

幻影-2000飞机机长14.36米,机高5.20米,翼展9.13米,机翼面积41.0平方米。飞机的机载武器主要有两门30毫米航炮,备弹2×125发,9个外挂架(机身下5个,两机翼下各两个),执行截击任务时可带两枚中距和两枚近距空对空导弹,用于对地攻击时可载各种炸弹。其最大载弹量可达6300千克。飞机的空重7500千克,最大载油量6880千克。这种飞机的最大平飞速度为2340千米/小时,最大巡航速度M0.9(约为956千米/小时),实用升限18000千米,作战半径650~1430千米,起飞滑跑距离460米,着陆滑跑距离640米。

◆ EF-2000欧洲战斗机

EF-2000飞机是英国、德国、意大利和西班牙4国合作研制的新型单座双发动机超音速战斗机,主要用于执行空中战斗任务,兼具对地攻击能力。这种飞机的机动性与敏捷性好,具有短距起落能力和部

EF-2000飞机的机长15.96米,机高5.28米,翼展10.95米,机翼面积50平方米。飞机的机载武器包括1门27毫米航炮,机身外有13个外挂点,其中机身下5个,每个机翼下4个,可携带多枚先进中距空对空导弹和多种近距空对空导弹。也可携带相当数量的空对地导弹、各种航弹、火箭弹等武器。飞机的空重10000千克,最大载油量6000千克,最大载弹量6500千克,飞机的最大速度M2.2(约为2336千米/小时),作战半径600千米,起飞滑跑距离490米,着陆滑跑距离510米。

分隐身能力，主要装备英、德、意、西四国的空军。

EF-2000 战斗机的主要机载设备包括多功能脉冲多普勒雷达，最远搜索距离 148 千米，能跟踪 8 个目标，机载计算机具有战术方案推荐、目标排序、武器自动选择、地形测绘、地形回避等功能。机上还有先进的自卫电子战系统、红外搜索跟踪系统、飞行员的头盔显示器、自动化的座舱屏幕显示系统等。

幻影-4000战斗机

幻影 -4000 是为法国空军研制的单座双发动机多用途战斗机，主要任务是防空截击和对远距目标实施攻击。幻影 -4000 是上单机翼，与幻影 -2000 相比加大了垂尾，采用了电传操纵、复合材料等新技术。

幻影 -4000 的机载武器包括两门 30 毫米航炮，射速为 1800 发 / 分，机身外有 11 个外挂点，制空时可挂空战用的中距和近距空对空导弹；对地攻击时可挂各种炸弹、空对地导弹和火箭弹等，也可挂侦察吊舱。飞机的最大载弹量为 8000 千克。

幻影 -4000 飞机的机长 18.70 米，翼展 12 米，机翼面积 73 平方米。飞机的最大平飞速度 M2.3（约为 2443 千米 / 小时），最大巡航速度 M0.9（约为 956 千米 / 小时），实用升限 19000 米，作战半径（带副油箱和侦察吊舱）1850 千米，转场航程 3700 千米。

截击机

截击机又称截击战斗机，是以截击敌方入侵的战略轰炸机和巡航导弹为主要任务的战斗机。这种飞机一般部署在战略要地附近或边境一线基地，其主要特点是速度快、爬升性能好、升限高、火控雷达搜索距离远、远距攻击人力强和具有拦截低空

入侵飞机的能力等。其武器配备以中距空空导弹为主，近距空空导弹和机炮为辅。20世纪60年代以前，美、苏等国致力于研制专门的截击战斗机，如美国的F-102、F-106，前苏联的"苏"-15、"米格"-15和英国的"闪电"等。70年代以来，则多倾向于利用高性能制空战斗机兼任或改装成截击战斗机，如美国的F-15、F-16，前苏联的"米格"-23、"米格"-29、"苏"-27和法国的"幻影"-2000等。

"阵风"战斗机

"阵风"是法国目前正在为本国的空、海军研制的超音速战斗机。飞机的主要机载设备包括先进的通信、导航和座舱显示设备，其火控雷达可同时跟踪8个目标，并可评估威胁，确定优先进攻目标。

"阵风"飞机的机长15.8米，机高5.34米，翼展11.2米，机翼面积47.0平方米。飞机的最大载弹

法国阵风-C型舰载战斗机

量8000千克。"阵风"飞机的机载武器主要有1门航炮，机身外部有12个挂架，在执行截击任务时可挂8枚空对空导弹和2个副油箱；对地攻击时可带16颗227千克炸弹、两枚空对地导弹和各种航空炸弹与航空火箭弹。飞机的空重9500千克，最大载油量4250千克，最大平飞速度M2.0(约为2124千米/小时)，最大巡航速度M0.9（约为956千米/小时)，作战半径800千米，起飞滑跑距离400米，着陆滑跑距离500米。

F-14舰载战斗机

F-14是美国海军的现役飞机，专门在美国海军航空母舰上使用的高技术舰载战斗机，从1972年装备舰队使用至今。F-14是一种双座、双发动机、双垂尾、变后掠上单翼、多用途超音速战斗机。飞机广泛采用钛合金，机体设计寿命为6000飞行小时，机翼可随飞行状态而变化，范围是20°～68°。飞机的最大载油量为9072千克，机载雷达可截获120～315千米距离内的空中目标，并可对超低空至高空不同距离内的24个目标进行跟踪和同时攻击其中6个目标。F-14战斗机在局部战争和突发事件中曾多次击落对手的飞机。1981年8月19日，在地中海演习的美

军第六舰队两架F–14战斗机在1分钟的时间内击落了两架利比亚空军的苏–22战斗机。1989年1月4日，在利比亚以北公海上空两架F–14战斗机击落了两架利比亚空军的米格–23战斗机，从飞机起飞到被击落整个空战持续了7分钟。在海湾战争、"沙漠之狐"行动、科索沃战争中，F–14战斗机都发挥了重要的作用。

美国F/A–18"大黄蜂"战斗攻击机

F/A–18战斗攻击机是美国第四代超音速战斗机最晚服役（1983年）的机型。在海湾战争中，F/A–18在以美国为首的多国部队争夺制空权的战斗中扮演了主要角色。有148架F/A–18参战，主要执行对地攻击任务，曾击落过伊拉克空军的米格–29战斗机。

该机是单座双发舰载轻型战斗机，既可用于舰队防空，也可用于对地面攻击。机上载有1门20毫米机炮，翼尖带两枚"响尾蛇"空对空导弹，机翼下有4个挂点，发动机舱下两个挂点，机身下一个挂点，可带两枚"麻雀"Ⅲ空对空导弹及其他武器。机翼可折叠，最大载弹量达5900千克。主要装备美国海军及海军陆战队，可与F–14配合使用。

A–10"雷电Ⅱ"攻击机

A–10是美国空军现役的一种亚音速攻击机，主要用于攻击坦克和战场上的活动目标及重要火力点，是目前美国空军的主要近距空中支援攻击机。该飞机的低空亚音速性能好；生存力高，全机装甲总重550千克，可承受23毫米炮弹的打击，还有结构简单，反应灵活，短距起落等优点。

A–10飞机的机载武器包括一门30毫米7管速射航炮，备弹1350发，

可击穿较厚的装甲，主要用于攻击坦克和装甲车辆。机身外部可挂28颗 MK80 炸弹；20颗"石眼Ⅱ"集束炸弹，若干子母弹箱；6枚"幼畜"空对地导弹和两枚"响尾蛇"空对空导弹；4个火箭发射架等。A-10 飞机的机长 16.26 米，机高 4.47 米，翼展 17.53 米，飞机空重 11320 千克，最大载油量 10165 千克，最大平飞速度 740 千米／小时，最大巡航速度 623 千米／小时，实用升限 11000 米，作战半径 463 ～ 1000 千米，转场航程 4026 千米，起飞滑跑距离 610 米，着陆滑跑距离 325 米。

俄罗斯苏-24重型战斗轰炸机

俄罗斯苏-24 重型战斗轰炸机，武器为 2 门 30 毫米双管机炮，8 个外挂点，可挂炸弹、空对地导弹和小型核弹，最大载弹量 7000 千克。空重 19000 千克，起飞重量 29500 ～ 36000 千克，最大速度 M2.17，实用升限 16500 米，作战半径 650 千米。

该机主要特点是续航时间长，加速性能好，具有低空高速突防 和全天候作战能力。它的出现极大地增强了当时苏联航空兵的战区进攻能力和战略突袭能力，堪称是其战斗轰炸机中的最好的一种。

苏-22战斗轰炸机

苏-22 是苏联 60 年代中期研制的单座变后掠翼战斗／攻击机，是在苏-20 基础上改进的出口型。乘员 1 人，动力为 АЛ-21Ф-3 涡喷式发动机 1×8000 千克（加力 11200 千克），翼展 13.66 米，机长 18.91 米，机高 4.71米，最大时速 2236 千米，巡航时速 800 千米。爬升率 180 米/秒，实用升限 17000 米，转场航程 2800 千米。作战半径 1142 千米。最大起飞重量17800 千克，载弹量 4000 千克。主要武器装备包括：30 毫米 HP-30 机炮2 门、8 个外挂点，可挂 R-60、R-13M 空空导弹、X-25L、X-29T 空地导弹以及各种炸弹、火箭弹。参加过第四次中东战争。

"狂风"战斗轰炸机

"狂风"（又译为旋风、龙卷风）是英国、德国、意大利共同研制的双座、双发超音速变后掠翼战斗机。1980年 7 月服役，其最大平飞速度 2.2 马赫，作战半径 833 ～ 1390 千米。

"狂风"能进行：（1）孤立战场及近距离空中支援；（2）战场纵深遮断；（3）制空；（4）陆基海上攻击；（5）截击；（6）侦察。

"狂风"战斗机目前分三大类：

对地攻击型、防空型、电子战及侦察型。对地攻击型最大载弹量 8 吨，装有两门 27 毫米"毛瑟"机炮，备弹为 360 发，有外挂架 7 个，能携带多种武器。装有"响尾蛇"、"天空闪光"、"麻雀"等空空导弹；"幼畜"、"鸬鹚（lú cí）"等空地导弹；FBU-15 制导炸弹，"宝石路"激光制导炸弹；各种集束炸弹、减速炸弹等。

B-52H "同温层堡垒"战略轰炸机

B-52H 轰炸机是美国空军的洲际航程重型轰炸机，空中加油后可进行环球不着陆飞行。最大时速 1010 千米，总载弹量可达 27 吨。

该机可携带 20 枚 AGM-69 近距攻击导弹（SRAM），该弹战斗部核装药为 17 万吨 TNT 当量。经改装的 G/H 型还可携带 20 多枚 AGM-86B 空中发射巡航导弹（ALCM），这种导弹战斗部核装药为 20 万吨 TNT 当量。B-52H 型机还可携带 AGM-84A "鱼叉"反舰导弹，战斗部为穿甲爆破型。

海湾战争第一天，美军从位于印度洋的迪戈加西亚岛空军基地出动 20 余架 B-52H 轰炸机，使用 AGM-142 常规装药的巡航导弹对伊军重要目标进行打击。在"沙漠军刀"行动中，又对被困在幼发拉底河畔的伊拉克共和国卫队进行了"地毯式"轰炸，使伊军遭到

美国B-52H "同温层堡垒"战略轰炸机

重创。

美国B-1B变后掠翼超音速战略轰炸机

B-1B 飞机是美国空军现役的变后掠翼超音速远程多用途战略轰炸机，主要用于执行战略突防轰炸、常规轰炸、海上巡逻等任务，也可作为巡航导弹载机使用。B-1B 飞机为变后掠翼正常式布局，采用翼身融合体技术，将机翼和机身作为一个整体进行设计，既减少了阻力又增加了升力，

四台发动机双双并列装在机翼下的发动机短舱内，并进行了隐身处理，使其雷达反射截面积仅为 B-52 飞机的 1%。

B-1B 飞机的机长 44.81 米，翼展 41.67 米，机翼面积 181.20 平方米，飞机座舱内乘员为 4 人。飞机的空重 87090 千克，最大载油量 88450 千克。飞机最大平飞速度 M1.25（约为 1328 千米/小时），最大巡航速度 M0.7（约为 743 千米/小时），实用升限 15000 米，作战半径 4800 千米，转场航程 12000 千米，起飞与着陆的滑跑距离约为 2530 米。

B-1B 飞机主要机载设备包括具有低空地形跟踪和精确导航能力的攻击雷达系统、高效的电子侦察电子对抗系统、尾部告警系统、高精度导航系统以及其他的电子设备等。B-1B 飞机的最大载弹量为 34019 千克，机载武器包括机身内 3 个武器舱，可以携带 8 枚 AGM-86B 巡航导弹、AGM-69 短距攻击导弹、12 颗 B-28 或 24 颗 B-61/B-83 核炸弹，常规武器有 84 颗 227 千克的 Mk82 或 24 颗 908 千克的 Mk84 精确制导炸弹。机身下的 14 个外挂架可以携带 14 枚巡航导弹，也可携带副油箱。

F-117A 战斗轰炸机

F-117A 是美国空军现役的一种单座亚音速隐身战斗/攻击机，具有优越的雷达、红外探测隐身能力，主要用于携带激光制导炸弹对目标实施

小博士乐园

风驰电掣——诺曼底登陆

诺曼底登陆（1944 年 6 月 6 日至 1944 年 8 月 25 日），盟军和德军之间的一次大型战争，也是目前世界上最大的一次海上登陆作战。在这次战争中，三百万士兵渡过英吉利海峡前往法国诺曼底进行登陆，向欧洲大陆运送了大量的人员、物资、装备和补给。诺曼底登陆的胜利，迫使法西斯德国提前无条件投降，加快了第二次世界大战的结束。

精确攻击。1982 年 8 月 23 日开始交付美国空军使用。

F-117A 飞机的机长 20.08 米，机高 3.78 米，翼展 13.20 米，机翼面积 84.8 平方米，飞机空重 13381 千克，飞机的最大平飞速度 M0.95（约为 1040 千米 / 小时），作战半径 1056 千米。

F-117A 飞机的机载武器都挂在内置的武器舱内，可以携带美国空军战术战斗机的全部武器，机身内最大载弹量 2268 千克。可携带 2 枚 908 千克重的炸弹，如 BLU-109B 低空激光制导炸弹或 GBU-10/GBU-27 激光制导炸弹，还可装 AGM-65 "幼畜" 空对地导弹和 AGM-88 反辐射导弹，也可以携带 AIM-9 "响尾蛇" 空对空导弹。

1989 年 12 月 21 日，F-117A 参加了美国对巴拿马的军事行动，向巴拿马兵营投掷了两枚激光制导炸弹。这是 F-117A 首次用于实战。1991 年的海湾战争中，42 架 F-117A 参加了对伊拉克的战斗。并且由 F-117A 打头阵，向伊拉克的防空控制中心投下了这次战争的第一枚炸弹。整个战争中，F-117A 出动了近 1300 架次，投弹 2000 多吨。虽然 F-117A 出动的架次仅占这次战争中总轰炸架次的 2%，然而却轰炸了战略目标清单中 40% 以上的目标。

1999 年 3 月，北约组织对南斯拉夫联盟进行了大规模空袭。F-117A 又充当了这次空袭的 "急先锋"，但南联盟不是伊拉克，更不是巴拿马。参战的第二天，一架 F-117A 就被南联盟地面火力击中而坠毁。F-117A 不可抵挡的神话也随之而破灭。

F-117A

战斗轰炸机又是另外一种格调。飞机的外表像一块一块的板子拼接在一起，有棱有角，像玻璃幕墙一样。这种稀奇古怪的形状使雷达伤透了 "脑筋"。发出的电磁波碰到它们，不是被飞机表面的吸波性涂料吸收了，就是被镜面一样的 "玻璃幕墙" 反射到别的地方去了，雷达基本上收不到什么回波。即使能够收到一点点，由于散射而造成的雷达测量误差，也会使 "千里眼" 上当。

◇ B-2A "隐形斗士" 隐形轰炸机

B-2A 飞机是美国空军现役的一种隐形战略轰炸机，1999 年北约在对南联盟空袭中，首次动用了 B-2A 战略轰炸机，使这种飞机第一次用于实战。B-2A隐形轰炸机采用翼身融合、无尾翼的飞翼构形，机翼前缘交接于机头处，机翼后缘呈锯齿形。机身机翼大量采用石墨/碳纤维复合材料、蜂窝状结构，表面有吸波涂层，发动机的喷口置于机翼上方。这种独特的外形设计和材料，能有效地躲避雷达的探测，达到良好的隐形效果。B-2A隐形轰炸机的单价高达2.2亿美元，是世界上迄今为止最昂贵的飞机。

B-2A轰炸机的外形是个大扁片，没有垂直的尾翼，没有机身，也没有机翼，机身和机翼融为一体，不给电磁波以反射的机会。因此，有的人不叫它飞机，而叫它"飞镖"或"飞翼"。

B-2A隐形轰炸机有三种作战任务：一是不被发现地深入敌方腹地，高精度地投掷炸弹或发射导弹，使武器系统具有最高效率；二是探测、发现并摧毁移动目标；三是建立威慑力量。美国空军扬言，B-2A隐形轰炸机能在接到命令后数小时内由美国本土起飞，攻击世界上任何地区的目标。

B-2A隐形轰炸机的机长21.03米，机高5.18米，翼展52.43米，飞机的空重50000千克，最大载油量70000千克，最大平飞速度M0.98（约为1060千米/小时），最大载弹量为25000千克，无外挂点，武器全部内载于弹舱，可携带巡航导弹、核炸弹、常规炸弹等。B-2A飞机最多能携带16枚核炸弹和16枚大型常规炸弹，还可携带80枚集束炸弹及36枚联合攻击弹药，或携带8枚防空区外攻击导弹与16枚全球定位系统(GPS)辅助制导的炸弹。飞机最大巡航速度M0.8（约为850千米/小时），实用升限19240米，转场航程16000千米，进行一次空中加油则航程超过18500千米。

FB-111中程轰炸机

FB-111是美国空军现役的变后掠翼中程超音速双座中程轰炸机，用于常规和核轰炸，以高空高速和低空高速突防，对目标进行核轰炸或发射近距攻击导弹。于1969年10月开始交付空军使用。在越南战场上美军曾使用过FB-111轰炸机，使越军损失惨重，越南人叫它"静悄悄的死神"。

FB-111轰炸机的主要机载设备有导航/轰炸系统，武器投放计算机，攻击雷达，地形跟踪雷达等。飞机的最大载弹量17000千克，机载武器包括6枚近距攻击型空对空导弹，或5000千克核弹，或50枚340千克的常规炸弹，也可挂其他各种航空火箭弹与对地攻击的导弹。

FB-111飞机的机长22.4米,机高5.22米。翼展21.34米,机翼面积63平方米, 飞机的空重21545千克, 最大载油量16600千克, 最大速度（在高度12200米）M2.2（约为2337千米/小时）, 在海平面最大飞行速度M1（约为1225千米/小时）, 实用升限16800米, 正常作战航程3200～4000千米。

图-22M轰炸机

图-22M轰炸机又称图-26, 是1962年装备苏军的第一代超音速轰炸机。1974年有关部门决定对这种飞机做进一步改进, 改造后的轰炸机命名为图-22M3, 并于1977年第一次飞行。该飞机最大的载弹量为24吨, 并可携带核武器。它可装备的武器有X-22MA和X-15X可控导弹以及爆破炸弹。

图-22M属中程战术轰炸机, 北约组织为其取号"逆火"。它具有核打击、常规攻击以及反舰能力, 还有良好的低空突防性能。它也是苏联的第一种航程较远的超音速轰炸机。如果经空中加油, 还可以从原苏联北部基地起飞, 攻击美国本土目标后, 飞回国内基地。它也是目前世界上列入装备的轰炸机中飞行速度最快的。

"北极熊"战略轰炸机

"北极熊"战略轰炸机是苏联空军装备的远程战略轰炸机。除用作战略轰炸机之外, 还被用来执行电子侦察、照相侦察、海上巡逻反潜和通信中继等任务。1956年开始交付部队使用。

飞机身躯庞大，机高11.6米，机长49.4米，翼展50.4米，机翼面积302平方米，飞机的空重90000千克，最大载油量74000千克。飞机的机载

火控雷达作用距离200千米，机载武器包括2门23毫米航炮，射速1350发/分。轰炸机的机腹可挂10枚大型空射巡航导弹，每枚重量1250千克，可装250千克的核弹头或常规弹头，巡航速度M0.8（约为940千米/小时），巡航导弹最大射程2500～3000千米。弹舱内还可载常规炸弹10000～25000千克，也可挂载水雷、鱼雷、各种航空炸弹与核炸弹。最大载弹量25000千克，最大平飞速度M0.8（约为850千米/小时），最大巡航速度M0.73（约为780千米/小时），实用升限15000米，作战半径5600千米。

"海盗旗" 战略轰炸机

"海盗旗"战略轰炸机是俄罗斯空军装备的四发动机变后掠翼超音速远程战略轰炸机，用于执行战略轰炸任务。1987年5月开始进入部队服役，1988年形成初始作战能力。作战方式以高空亚音速巡航、低空高亚音速或高空超音速突防为主，在高空可发射具有火力圈外攻击能力的巡航导弹，对付防空压制时，可以发射短距攻击导弹。此外，飞机还可以低空突防，用核炸弹或核导弹攻击重要目标。

飞机的机载武器包括：弹舱内可选挂各种航空炸弹、火箭弹与核炸弹，

飞机的机长54米，机高12.8米，翼展55.7米。飞机的主要机载设备包括地形规避雷达、导航/攻击雷达、预警雷达、天文和惯性导航系统、航行坐标方位仪，机前机身下部整流罩内装有辅助武器瞄准摄像机以及各种先进的电子对抗设备等。

可带 20 枚大型空射巡航导弹，射程约 2000 ～ 3000 千米，还可挂短距空对空攻击导弹。飞机的空重 118000 千克，最大载弹量 40000 千克，飞机的最大平飞速度 M2.3（约为 2442 千米 / 小时），最大巡航速度 M0.9（约 960 千米 / 小时），实用升限 15000 米，作战半径 2000 千米（M1.5）。

"环球霸王 Ⅲ" C-17 战略运输机

C-17 是美国空军目前装备的最新型军用战略运输机。它是为了满足美国空军全球机动、全球作战的需要，实施战略空运、兵力投送而使用的一种重型运输机。C-17 运输机可以在前线简易机场起降执行作战任务，既能执行远程运输任务，又可将超大型作战物资和装备如坦克和大型步兵战车、武装直升机等装备直接运入战区，因此设计中特别强调短距起落能力。1992 年开始交付部队使用。C-17 运输机在科索沃战争与阿富汗战争中都曾大量使用执行兵力部署和货物的运输。

C-17 的飞行机组通常 3 人。驾驶舱中正、副驾驶员和一名装货长，驾驶舱后有机组人员休息舱。主货舱可装运陆军战斗车辆：5 吨载重货车两辆并列，吉普车 3 辆并列或 3 架 AH-64A 直升机，可空投 27215 ～ 49895 千克货物，或空降 102 名伞兵。C-17 是唯一能空投美陆军超大型步兵战车 M2 的飞机，也可与其他车辆混合装载 M1 主战坦克。

C-17 飞机的正常巡航速度 M0.77（约为 818 千米 / 小时），空投速度 213 ～ 463 千米 / 小时，进场着陆速度 213 千米 / 小时，实用升限 13715 米，起飞滑跑距离 2286 米，着陆滑跑距离 915 米，航程 4630 千米。

"运输星" C-141 运输机

C-141 运输机是美国空军现役的战略运输机。1965 年装备美国空军，曾在越南战争、中东战争、海湾战争和科索沃战争中承担大量远程空运任务。这种飞机的航程远，载重量大，可进行空中加油实行洲际空运任务，亦可实施远程快速机动空运。

在海湾战争中，C-141 运输机和 C-5 运输机配合使用组成了一支混合战略空运力量。担负为美军空运大型武器装备和作战物资的任务。发挥了重要的作用。

C-141B 型运输机机组成员 4 人，飞机的机长 51.29 米，机高 11.96 米，翼展 48.74 米，机翼面积 299.9 平方米，机舱容积 322.71 立方米；空运量为 154 名全副武装的士兵，或 124 名伞兵，或 80 名担架伤员和 8 名医务人员；运送大型装备，可同时装运一辆 2.5 吨卡车及其拖车、一辆 2.5 吨油车，一辆中型坦克。C-141B 飞机的空重 67190 千克，最大载重量 41220 千克，最大载油量 69654 千克，最大巡航速度 M0.87（约为 910 千米/小时），最大载重航程 4700 千米，最大油量航程 10280 千米，起飞滑跑距离 1770 米，着陆滑跑距离 1128 米。

"银河" C-5A/B 运输机

C-5A/B 运输机是美国空军目前装备的亚音速远程重型军用运输机。1970 年开始服役。C-5A/B 运输机是世界上最大的运输机之一。它能够装载尺寸庞大的重型货物以喷气速度进行洲际空运。在应急事件中它能以较短距离进行起降，能在非标准道面上滑行。运输机的前后舱门能够同时卸装货物。海湾战争中该机曾大量使用，在"沙漠盾牌"作战行动中该机每天平均飞行 12 ~ 13 小时，相当于平时飞行训练的 3 倍。

小博士乐园

"北约"的由来

北约，全称北大西洋公约组织，是美国与西欧、北美主要发达国家建立的一个国际军事集团组织。为了与以苏联为首的东欧集团国抗衡，1949 年 4 月 4 日美国与加拿大、英国、意大利等 12 个国家签订了《北大西洋公约》，条约规定若某成员国一旦受到攻击，其他成员国则可以联合起来进行反击，北约由此而成立，这是资本主义阵营在军事上实现战略同盟的标志。

美国C-27J "斯巴达人" 运输机

C-27J "斯巴达人" 是美军最新型的战术运输机。它的设计可满足美陆军及陆军国民警卫队现在及未来的空运需求。

与美陆军的空运要求及其现役的C-23B 运输机相比，C-27J 的性能是无可匹敌的。C-27J 在同级飞机中是唯一专门设计成军用运输机的，其载重为 11.35 吨。C-27J 还与 C-130J 有高度的通用性，使用相似的发动机及航电设备。该机的货舱若不用可拆卸，直接装运美陆军的许多装备，如车辆、野战火炮、直升机的发动机及桨叶等。C-27J 有两扇侧门，可运送 62 名乘客或 34 名全副武装的伞兵。

C-27J 的地板比 C-130 的还坚固，这使其可运输密实的货物，如弹药、燃油和水。C-27J 可执行多种任务，包括空投、伞降、灭火、特种任务及搜索与援救。其先进驾驶舱可与夜视镜完全兼容，可昼夜全天候飞行，并可独立操作，可自行部署。

"耿直" 伊尔-76运输机

伊尔-76 军用运输机是俄空军现役的一种中远程重型运输机。北约集团给它起绰号 "耿直"，1975 年装备部队，目前在俄罗斯空军中仍有几百架伊尔-76 飞机在服役。

飞机的机长 46.50 米；机高 14.70 米；翼展 50.50 米；机翼面积 300 平方米；机舱长 20 米；宽 3.40 米；高 3.46 米；机舱容积 253 立方米。

飞机的空重 88000 千克，最大载重量 50000 千克；最大载油量 63827 千克；最大平飞速度 M0.81（约为 850 千米/小时），最大巡航速度 M0.78（约为 800 千米/小时），正常巡航高度 9000 ~ 10000 米，最大载重航程 3600 千米，最大油量航程 7300 千米，起飞滑跑距离 2600 米，着陆滑跑距离 2300 米，飞机

平均耗油量为 7300 千克 / 小时。可运载坦克、装甲战斗车、卡车和 150 名全副武装的士兵或 130 名伞兵。伊尔 -76 运输机是现代空降兵驰骋疆场的理想运输装备。

"秃鹰"安-124运输机

安 -124 运输机是乌克兰空军现役的四发动机远程重型运输机，北约集团给它的绰号是"秃鹰"。这种飞机主要用于运输坦克、导弹、军用浮桥设施等大型军用装备，是世界上最大型的运输机之一。1986 年安 -124 首次交付部队使用。飞机座舱内飞行机组人员 6 人。上层客舱可容纳 88 名旅客。安 -124 可运载 345 名全副武装

安 -124 飞机的最大载重量150000千克，最大巡航速度约为865千米/小时，最大载重航程4500千米，最大燃油航程16500千米。

的士兵或 270 名伞兵，或 SS-20 中程核导弹；或坦克、装甲车等重型武器装备。可实施大规模的伞降与机降作战。

安-225重型运输机

安 -225 是世界上最大的配备 6 台大功率喷气式发动机的重型运输机。安 -225 机身背部有承力点，机背能负载超长尺寸的货物，如前苏联的"能源"号航天器运载火箭和"暴风雪"号航天飞机。

安 -225 在运送空降兵时，假若空降兵单兵重量为 80 千克，那么安 -225 飞机一次可搭乘 3125 名伞兵，并在 5 个小时之内把他们运送到 4500 千米以外的战场上去。但这只是说明飞机载重能力的通俗比喻，事实上，安 -225 飞机虽然可以载重 250 吨，但绝不能一次搭载 3125 名士兵，因为机舱内是容不下这 3000 多人的。

E-8A "联合星"预警指挥机

E-8A "联合星"是美国空军现役的一种先进的远距空对地监视飞机，虽然装有高性能雷达及其他先进设备，但该机所监控的对象并不是空中目标，而主要用于对付地面目标。E-8A 可在任何气象条件下对地面目标进行定位、探测与跟踪。当它在空中飞行时，无论在前方、后方或侧面，都可对地面静止或移动目标进行探测与跟踪，其纵深距离可达到 250 千米左右。对监视军事冲突和突发事件中的地面情况，控制空地联合作战都具有重要作用。

美国E-2C "鹰眼"预警飞机

E-2C "鹰眼"预警飞机是由美国格鲁曼公司研制生产的一种螺旋桨式舰载空中预警机，主要用于航空母舰战斗群的空中警戒。该机既具有警戒能力，又有指挥引导能力。机上雷达的探测距离达 480 千米，能监视 1250 万立方千米的空域，可同时控制 139 架战斗机，监视 200 架飞机。机上还装有敌我识别询问器。E-2C 预警飞机时速大约 500 千米／小时，实用升限 9390 米，一次空中加油能在空中飞行 4 ~ 6 小时，机上乘员共 5 人。

在海湾战争中，从停泊在波斯湾的美国航空母舰上起飞的二十多架 E-2C 预警飞机参加了"沙漠风暴"行动。

1991 年海湾战争爆发，但仍处于试验阶段的两架 E-8A 型飞机就被派往海湾前线，参加了"沙漠风暴"行动，接受实战检验。战争期间，两架 E-8A 飞机共飞行 749 架次，作战飞行时间共计 500 多小时。在它们所执行的多次任务中，有两次任务最令人难忘：一次是当 E-8A 飞机探测到伊拉克增援部队的 80 辆机动车辆正向哈夫迪城前进时，多国部队依据 E-8A 提供的情报，迅速调集战术空中力量，及时阻

截了伊拉克的增援部队，使战事向有利方向发展。另一次是在伊拉克部队大规模从科威特市撤出期间，E-8A 探测到有数千辆正逃跑的车辆，并适时地将伊军的撤军信息及时地传输给了多国部队的空军作战中心，指挥官们依靠这些情报采取行动，在伊拉克部队撤出科威特市外的必经之路上，利用战术空中力量，阻断并全部消灭了伊拉克的这支机械化部队。

美国E-3A "望楼" 预警机

美国 E-3A "望楼" 预警机是美国波音公司以波音 707 型飞机的机体为基础研制的。除美国空军采用外，沙特、英国和法国空军也购买了这种飞机。

该机机身上方安装圆形旋转天线罩，罩内有 AN/APY-1 型 S 波段脉冲多普勒雷达。工作时旋转天线罩由液压驱动，每分钟转 6 周。当该机在 9000 米高度飞行时，机载雷达可探测有效半径 370 千米范围内的高空与低空空中目标。有下视能力，抗干扰能力也相当强。

海湾战争中，美军共派出 5 架 E-3A 预警机，指挥美空军对伊拉克军事目标进行轰炸，协调美空军完成截击、格斗、对地／对海支援、遮断、空运、空中加油、救援等各种空中作战任务，被称为 "空中指挥所"。

KC-135A "同温层油船" 空中加油机

KC-135A 是美国空军装备的远程空中加油机。用以满足空军的战略轰炸机、战斗机、运输机和侦察机部队作战补充燃油的大型主力空中加油机。同时还可以支援美国海军、海军陆战队和盟国空军作战飞机的空中加油任务。该机 1957 年交付美国空军使用。飞机上的空勤机组人员共有 4 人。飞机的机长 41.53 米；机高 11.68 米；翼展 39.88 米，飞机的空重 44663 千克，最大载油量 92118 千克，

最大可供油量 46800 千克，飞机上的加油点数量只有 1 个，但可获得的加油率达到 12.68 ~ 21.97 千克/秒，实用加油区域范围半径 1850 千米。最大平飞速度 M0.92（约为 965 千米/小时），最大巡航速度 865 千米/小时，巡航高度 9300 ~ 13700 米，实用升限 15240 米，续航时间 5 小时 30 分，起飞滑跑距离 2760 米，着陆滑跑距离 580 米。

在海湾战争和科索沃战争期间，KC-135A 担负了繁重的空中加油任务，发挥了重要作用。

KC-10 "补充者" 空中加油机

KC-10 "补充者" 空中加油机是美国空军现役的一种将空中加油和运输机任务结合在一起，从而使其能够向战斗机全球部署、战略空运、战略侦察和常规作战行动提供有力支援的加油/货运两用飞机。该机于 1981 年交付部队使用。

飞机上的空勤组共 4 人。飞机的机长 55.35 米，机高 17.70 米，翼展 50.40 米，机翼面积 367.7 平方米。

飞机的空重 109328 千克，最大载油量 161508 千克，最大可供油量 90270 千克，加油点数量 1 个，加油率 5678 升/分钟，加油高度 11278 米，加油时飞行速度 324 ~ 695 千米/小时，实用加油半径 1852 千米，最大平飞速度 M0.92（约为 965 千米/小时），转场航程 18507 千米；起飞与着陆滑跑距离 3350 米。

KC-10 的原型机是 DC-10 喷气客机。一般来说，军用飞机中的加油机，侦察机，电子战飞机和预警机等飞机很少是专门设计的机体，大都是用优秀的其他空中飞机做平台改装的，这样做一是节约成本，二是便于维护保养。

KC-10 空中加油机在 1986 年美军对利比亚的 "外科手术式" 空袭作

战和海湾战争、科索沃战争中都发挥了重要作用。

EA-6B "徘徊者" 电子战飞机

EA-6B 是美国海军航空兵装备的 4 座舰载电子干扰机，主要用于通过压制敌人的电子活动和获取战区内的战术电子情报来支援攻击机和地面部队的活动。1971 年装备美国海军航空兵部队后，在几乎所有美军参与的战争行动中执行过作战任务。

飞机的空勤组人员共有 4 人。飞机的机长 18.24 米；机高 4.95 米；翼展 16.15 米，机翼面积 49.1 平方米。

EA-6B 战机从 "星座" 号航母起飞

EA-6B 飞机的主要机载设备包括 AN/ALQ-99 型无线电干扰系统，这是目前世界上功率最大的机载干扰系统，除此之外飞机还能够实施跟踪遮断欺骗干扰、投放箔 (bó) 条弹 / 红外干扰曳光弹，对敌通信系统和敌机载搜索雷达、地面警戒雷达、地空导弹的制导雷达进行强烈的干扰。

大西洋巡游者反潜巡逻机

法国海军的 "大西洋" 是法国达索飞机制造公司研制的远程海上巡逻反潜机，用于反潜、反舰、侦察、预警、救援、运输等。目前北约和法国的 "大西洋" ATL2 反潜机是在早期 "大西洋" ATL1 反潜机基础上发展而来的。

ATL2 巡航速度快，低空巡逻时间长，低空机动性好，能适应各种气候条件,这使得 "大西洋" 很适合反潜任务。

英国猎迷反潜巡逻机

英国"猎迷"反潜巡逻机是由英国宇航公司在"彗星"4C客机的基础上改装而成的。"猎迷"首批量产型为MR.MK1。从1975年起,英军开始将MR.MK1"猎迷"改进为MR.MK2型。2004年8月26日,英国航空电子系统公司为英海军设计研发的新型"猎迷"MRA4进行了首飞。"猎迷"MRA4型是基于"猎迷"MR.MK2改进升级而成,该型"猎迷"可搭载10名机组成员,飞行半径达6000英里,其滞空时间也是MR.MK2的2倍。新型"猎迷"反潜巡逻机配备了劳斯莱斯/BMWBR710发动机,使其最高时速可超过600英里/时。装备有波音公司的战术控制系统、巡航导弹或其他GPS、激光制导武器。

美国P-3C"猎户座"反潜机

P-3C"猎户座"大型岸基远程反潜巡逻机是美国海军的主力航空反潜兵力。1957年开始研制,1969年装备部队。主要改型有近十种之多。

P-3C属于陆基远程反潜侦察机,机长35.57米,翼展30.36米,最大起飞重量63吨,巡航速度644千米/小时,升限8625.84米,最大任务航程4410千米,滞空时间长达12小时,最大活动半径达3835千米,配备有先进的声呐浮标、磁性侦测仪和武器,至今仍是全球最先进的固定翼反潜侦察机。2001年在南海上空撞毁中国歼-8战机的EP-3侦察机,就是P-3C反潜机的衍生型。

✏️ U-2高空侦察机

现代侦察机中，美国的U-2最为著名，它的实用升限20000米，巡航速度750～800千米/小时，能在高空关闭发动机进行滑翔，续航时间长达8小时左右。U-2主要用于在苏联及华约集团国家上空搜集情报，1960年5月被击落后，停止在苏联上空使用，一部分改成WU-2气象侦察机，一部分给台湾用于对中国大陆进行高空间谍活动。

U-2失利后，美国又研制了3倍音速的SR-71高空高速侦察机，实用升限25000米左右，侦察设备包括可垂直和倾斜拍照的航空照相机、高分辨率的图像雷达、侧视雷达和红外设备等。照相设备1小时的拍摄范围可达15万平方千米。

📐 SR-71"黑鸟"高空侦察机

在美国人设置的层层"黑幕"的笼罩下，长期以来人们无法了解"黑鸟"的真相。其实SR-71是美国空军装备的一种高空高速侦察机。该机于1966年交付美国空军侦察机联队使用。飞机的空勤乘员共有2人。飞机的机长32.4米；机高5.64米；翼展16.95米；机翼面积167.23平方米；飞机的主要机载设备包括战场侦察系统，多功能探测装置系统，战略侦察系统，照相、探测设备，高分辨率侧视雷达等。

SR-71飞机的空重33500千克，最大载油量36000千克，在高度20000米以上最大平飞速度M3（约为3398千米/小时），在高度21000米最大巡航速度达到M2.9（约为3190千米/小时），侦察高度22000米，实用升限24000米，作战半径1930千米，最大转场航程4800千米（空中不加油），最大留空时间1小时30分（空中不加油），起飞滑跑距离1646米，着

陆滑跑距离 1097 米，每小时侦察面积 155000 平方千米。

🔍 "侦察兵"无人驾驶侦察机

"侦察兵"是以色列空军装备的战术无人侦察机。主要用于实时监控、战场控制、导弹发射阵地搜索、轰炸效果评估、火炮校正，战场损伤评估、舰船识别、通信中断等。该机于 20 世纪 70 年代首飞后交付部队使用。

作为以色列军队的正式装备，它由战术前线部队操作的便携式地面站实施遥控。这种新地面站既能使无人机延伸突防距离，又能显示无人机飞行下方的地形图和其他所需的任务细节。飞行中按预编程序飞行或在操作员控制下半自主制导。

RQ-4A "全球鹰"无人机

RQ-4A "全球鹰"为美空军装备的高空远程长航时无人驾驶侦察机，为美空军 21 世纪研制的最先进战略战术侦察机，主要用于执行高空、远程和长续航时间侦察任务，为作战指挥机关提供实时侦察图像，于 1998 年首飞，2001 年开始装备美空军。作为美空军现有的最大的一种无人机，该机可进行常规起飞和着陆，跑道要求长 1525 米。机上配装 3 种远距离传感器，CCD 数字相机、红外传感器、合成孔径雷达，通过卫星数据链进行视频信号传输，能近实时提供高分辨率地面图像，并直接反馈给地面部队，飞行中由预编程序控制，也可随时改编程序。该机于 2001 年 11 月参加美打击阿富汗塔利班的 "持久自由" 行动。

该机机长 13.53 米，机高 4.63 米，翼展为 35.42 米，空重 4177 千克，推力为 3450 千克，最大起飞重量 10394 千克，航程约 26000 千米，飞行高度达 21600 米，巡航时间高达 42 小时，侦察覆盖区域很大。

RQ-1A "捕食者" 无人机

RQ-1A "捕食者" 是美空军装备的中空长航时无人驾驶飞机，主要用于小区域和山谷地区的侦察与监视，具有大纵深、长航时、高分辨率的光电侦察能力，能长时间实施近距离侦察、监视、目标搜索，于1994年首飞，1996年开始装备部队。该机翼展为14.87米；机长8.27米，机高2.10米，空重431千克，最大起飞重1022千克，巡航速度129千米/小时，飞行高度7620米，活动半径800千米，续航时间40小时，采用常规轮式起飞和轮式着陆。"捕食者" 在3200米空中获取的图像可识别30厘米大小的目标。红外成像相机可夜间侦察和识别伪装目标，其定点分辨率为60厘米。

挂载海尔法导弹的"捕食者"无人机

在1995年的波黑战争和1999年的科索沃战争及2001年的阿富汗战争中，美空军都曾使用该型机执行侦察监视任务。在美对阿富汗空袭中，该型无人驾驶侦察机可谓立下了汗马功劳，不仅将阿境内塔利班控制区及恐怖组织的实时情报传给中央情报局总部，而且还为美军炸死本·拉登的高级副手阿提夫提供了及时准确的情报。2001年10月，美空军在阿富汗战场首次用RQ-1B型机对地面目标进行攻击。

米-28 "浩劫" 直升机

米-28武装直升机是苏联生产的最好的武装直升机。1991年成批生产并逐步大量装备部队。北约组织称米-28为"浩劫"。

米-28武装直升机的机载设备主要有高精密火控雷达，前视红外系统，昼间光学瞄准系统，连续扫描地图显示器，近距导航和多普勒导航系统；直升机的空重7000千克，最大载油量2000千克，最大平飞速度350千米/小时，最大巡航速度300千米/小时，最大爬升率18米/秒，有效悬停高度3600米，作战半径240千米。

美国AH-64"阿帕奇"攻击直升机

AH-64"阿帕奇"直升机是美军新装备的先进攻击直升机，以反坦克为主，也可对地面部队进行火力支援。这种直升机主要装备陆军重型师，是美军实施快速打击的重要武器。据称一架AH-64"阿帕奇"直升机可消灭两个连的坦克，因而有"坦克杀手"之称。

该机武器系统包括机

俄罗斯米-34"蜂鸟"直升机

该机为两排4座轻型多用途直升机。主要用于教练、通信、观测、联络和巡逻。

身两侧挂载的16枚"狱火"式激光制导反坦克导弹，机身下还装有4个70毫米火箭发射器，机头下部安装了一门30毫米机关炮，此外还安装了"毒刺"式导弹发射器。在海湾战争中，AH-64"阿帕奇"攻击直升机成为美军对付伊拉克集群坦克的杀手锏。

UH-60"黑鹰"直升机

UH-60"黑鹰"为美国陆军双发单旋翼战斗突击运输直升机。1978年10月首次飞行，1979年开始交付使用，有多种型别，该直升机性能可靠先进，高性能尤为突出。基本型UH-60A机长19.76米，机身宽2.36米，高5.13米，机身为半硬壳结构。由于大量采用各类树脂和纤维等复合材料，其空重较轻。该机最

大起飞重量约10吨，最大平飞速度293千米/小时，最大巡航速度268千米/小时，实用升限5790米，航程603千米，最大转场航程2220千米。载员舱可容纳一名随机机械师和11名全副武装的士兵及相应装备。机身两

侧舷窗内的架子上可装两挺 M60 机枪，在必要时可提供火力支援。该机除可挂载火箭、布雷器外，还于 1987 年在各种飞行条件下通过昼夜发射"海尔法"导弹的鉴定，使该直升机具备更强的攻击能力。"黑鹰"在美军的历次海外用兵中，如美军入侵格林纳达、巴拿马、海地和海湾战争，多次扮演过并不光彩的好战角色。同时，该型机也是美国陆军第 101 空中突击师的主要装备之一。

法国AS-332B"超美洲豹"直升机

AS-332B"超美洲豹"是法国研制的一型双发多用途直升机。有4种型号：AS-332B1军用型、AS-332F1海军型、AS-332L1民用型和AS-332M1军用型。该系列乘员2人，机长8.7米，有效载荷4000千克，最大起飞重量9000千克，巡航速度262千米/小时，续航时间3小时20分，航程618千米。